U0344161

演讲实录

『静谧的心』是直观创作的基本要素。

静谧的建筑无法以喧闹的心境设计出来。

东方文化强调，修持一己之心，才是从事艺术的核心。

姚仁喜 著

姚仁喜

—的—

建筑美学

外象

CS | 湖南美术出版社

建筑不只是一门独立的美学、理论，或思维的抽象系统，它更是情境的塑造。情境在某些状态中，会升华成“意境”。情境是“外象”，意境是“内境”，两者是相互依存不可分的。建筑创作者以砖瓦木石等实质材料构筑、营造人们有活动、有情感、有故事的情境；而更进一步，超越表象之外，则在人们心中产生有共鸣的意境。

在建筑的领域中，即便不谈我们所感知的建筑是否由观者的“心”所“生”，也不能否认的是，建筑创作或任何形式的创作，都是心灵探索的活动。因此，作为一名创作者，检视心境与作品样貌呈现间的关联，可说是一个持续不断的自我修炼过程。

建筑师虽然只能用砖瓦、木石、金属、玻璃等坚实的素材来从事实质的构筑游戏，却能借此创造触动人心的空间，并能进一步无止境地深入探索似乎不可捉摸的历史文化、场所精神、共通的人性等丰富的意涵。

目录 Contents

第 二 章

建筑是舞台

人 的 一 生， 所 有
角 色 都 是 在 扮 演

第 三 章

静 谧 的 心

水 中 月 ， 空 中 花

作者简介

姚仁喜 建筑师 Kris Yao, Architect

（照片由刘振祥摄影师拍摄）

姚仁喜 | 大元建筑工场（台北 / 上海）创始人

学历

1978 美国加利福尼亚大学伯克利分校建筑硕士

1975 台湾东海大学建筑学士

荣誉

2014 美国建筑师协会荣誉院士 (Hon. FAIA)

2011 台湾建设特别贡献奖

2009 中国一级注册建筑师认证

2007 第十一届台湾建筑类文艺奖得主

2005 美国加利福尼亚大学伯克利分校环境设计学院“杰出校友奖”

1997 台湾第三届“杰出建筑师”规划设计贡献奖

Preface 序言

关于不变，我不变的是『初心』

姚仁喜

这个人，三十九年前，要离开一个小城市，去美国念书。

他从来没有出过国，因转机需要在东京停留，所以他决定花两天时间逛逛这座大都市，到街上走走。他去看了丹下健三的作品——如果你年轻，可能不知道丹下健三是谁。1964年东京举办奥运会的时候建的两座场馆，就是他的作品。

这个年轻人土里土气的，到了这两栋房子面前的时候，感觉实物简直太令人震惊（amazing）了！虽然以前在杂志上看到过，但他还是看了很久很久，不能理解建筑怎么能做到这个地步。于是他站在那里看了很久很久，眼界大开、心潮澎湃。从现在算起，这已经是五十多年前建造的了。

之后他飞到美国去念书了。

三十九年后，他无意间又走过这里，一样的驻足良久，这两栋五十多年前的建筑物，仍然令人震惊（amazing）！那些清水混凝土，那些钢制构件、空间、光线、细节……还是那么完好，其中蕴含的文化语汇，仍是那么清楚。世界在瞬息万变，但那个心潮澎湃的感觉丝毫未变。

那个人就是我。

对于建筑的喜好，我一直保持着高度的能量，这一点我感觉是非常幸运的。因为人在做很多事情，或重复做一样的事情时，疲劳的感觉通常伴随而来，但我对建筑从未有过疲劳感，一直都保持着高度的热情。每个案子对于我来讲，都像第一个案子一样，那种兴奋感是新鲜的。

长久地喜欢一个东西，并且没有倦怠的感觉，并不是一件容易的事情。这一点很值得自己珍惜。

我以为，关于不变，我不变的是“初心”。

在地的孔窍，共振的声音

谢佩霓

在苍穹之下，大地之上，我们筑造。在筑造与重塑的过程中，人们具备超越现在的意志，怀抱对未来的信心，具体实现心中理想的坛城，彰显列祖列宗的遗绪，也为未来的世代创造出丰富的遗产。建筑是一门令人崇敬的艺术，建筑人必得谦卑以对。

建筑不变的永恒追求，始终是天人合一，与天地万物合。姚建筑师以此自持，先前透过“内境 · 外象”的展览，探讨自身如何将心象转化为形象，将个人化的建筑履历外化为展览，并以此为催化剂，激发出集体的心志。毕竟建筑美学本应是本于为天地立心、为生民立命的众人之事。通过展览影片可看到，主角并非高高在上睥睨万方，而是一位生活在当下的平常人，关注生活细节，所以他所表现出来的良心与初心，都跟大家相去不远。诚然，他所受的建筑教育属于“包豪斯全人教育”，并且他十分自律严谨，在日复一日地操作所学之外，还时时不忘反求诸己，寻找文化承袭中所具备的地域特色，转化在创作中，形成匠心独运的素养与特质。

德国文豪歌德(Johann Wolfgang von Goethe，1749—1832)研究语言、音乐、诗与色彩学时，特别强调呼应当地文脉及突显地方色彩，务使场所精神（Genius Loci）淋漓尽致地展现。姚建筑师的创作，可谓异曲同工，据此引用歌德名言“建筑是凝炼的音乐”(Architecture is frozen music) 来解读姚建筑师的设计，是十分适切的。

大元团队的代表作，好比一首首的交响诗。姚建筑师像指挥家指挥若定，带领着乐团的各个声部，钟鼓唱和、琴瑟和鸣，诠释了贯穿全场的各个主题与变奏，起伏跌宕，层次分明，一气呵成，令人惊艳。比如兰阳博物馆，姚建筑师采撷各地材料、元素，呼应风动气流、水汽氤氲，在创作过程中引用了维瓦尔第的“四季”主题(motif)，转化为视觉逻辑。或如“台北故宫博物院”南院与乌镇大剧院，建材与肌理经过繁复而绵密的编织，亦显亦隐地融合了地形地貌，再现曲径通幽的桃花源。身为指挥家，他明白在坚守不变的纪律与技术时，必得糅合再塑出精彩的变奏，才会成就独树一帜的个人曲风。

建筑设计也是修行，姚建筑师是位有名的修行人，有修才能为，无为方可能有为，看似无为才有机会大有为。禅的要义在于直见心性，只可意会不可言传，直见心性，即不落言筌，不涉理路，不作阐释；绝妙处在于以动衬静，以局部烘托全局，天伦人伦交融自然而然，天律人律和合毫不做作。静心走过姚建筑师的空间，光影斑驳、时晦时明，明灭中虚实相生，移步换景间张弛互现，令人瞬间了悟，设计其实有如禅修，建筑如是落定，仿佛禅定。

回顾 30 多年的创作行旅，姚建筑师走过“文青、愤青、知青”的阶段，此际已抵达文人的境地。他曾经是有火气、锐气，企图心旺盛而力求表现的创作者，不过迩来的创作，倒是呈现“见山又是山，见水又是水”的透彻感，让人充分感受到他沉淀也升华了所学、所知、所能，领略了老庄思想“道通合一”的哲学，希冀天籁、地籁与人籁终能合而为一。《庄子 · 内篇 · 齐物论》所谓“地籁则众窍是已”，阐明人唯有经由风穿过孔窍并与之共振，才得以共感天听。姚建筑师的作品，可视为创造在地的“孔窍”。几经熟成陶冶精炼之后，反而开始掏空，俾便更多的声响自由穿梭其间，以其建筑的内外空间为催化剂，共振出众人与环境共生的乐章。我以为他把自己的意境，转化成容器与载体，可谓以“天籁、地籁”呼应“人籁”，此时、此地与这群人，得以安住于其建筑之中。

从心境、语境、意境到情境，姚仁喜的建筑实践，不啻是觉知生活、体悟生命、洞察人心与反自观照的修为历程，一言以蔽之，正是外象与内境极尽沟通之后，折初衷以善了为建筑实相，居其中因为得见初心而得以放心得道。

很高兴湖南美术出版社整理姚建筑师的文字成书，并以建筑设计实例搭配，将他的心、语、意忠实地呈现，反映建筑人的内境与外象。

01 第一章

堂　奥

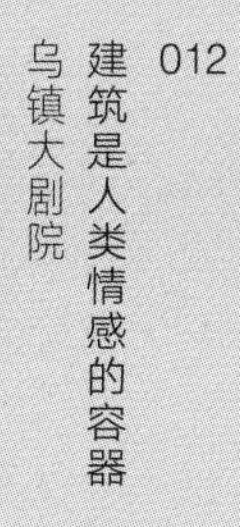

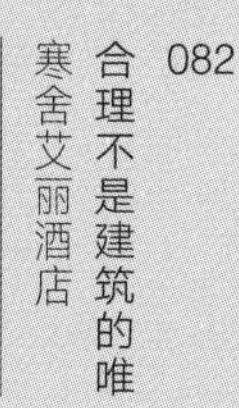

乌镇对我而言，就像是一个梦境。

在那，放眼望去，有很多旧的房子，你看到的任何一个材料都是旧的，所有的木头、窗户、地上的石板、白墙都是旧的，还有已经拥有一百多年历史的旧乌篷船，在运河中真的被当运具使用。乌镇是一个修复过后的水乡，还是一个用了污水下水道的系统重建起的水乡，但是整个空间非常完整地呈现了水乡的民居状态。对于我们21世纪的人来说，来到这里就像是在一刹那回到18、19世纪的中国水乡环境一般。到了晚上，白天所看不到的灯具让建筑物泛出灯光，甚至还有雾气喷出来，整个乌镇就像是一场梦一般。

在乌镇，有一种“并蒂莲”，就是一个梗开了两朵莲花，寓有吉祥之意。这个意象就演变成我们想法的开端。剧院一半在陆地上，一半在水中；我们希望观众们可以从外面林子走进来，也可以坐船来看戏。从并蒂莲的外形开始，我们把大剧院的构造变成两个类似椭圆形的量体，一边用平扇的折叠方式呈现，另一边用一片片斜立的弧墙组立起来，中央最高处正好就是舞台。

乌镇的“自然”是什么？如果用先前最早谈到的所谓的“自然”(nature) 来看，其实它没什么，就是水、运河，还有几棵树。事实上，乌镇的整体就是自然，它是一个由时间累积起来的成果，包括旧墙、乌瓦、石板，所以我觉得我们在设计乌镇大剧院的时候是在做一个“梦境的自然”，因为我们知道乌镇是虚幻的，所以产生了乌镇这种梦境的自然。

完工之前，我租了一艘船，对船夫说：“帮我摇到那个剧院。”船夫看我目不转睛看着剧院，摇到一半就跟我说：“你知道这剧院是怎么设计出来的吗？”我说：“不知道。”船夫说：“像不像一朵并蒂莲？”我说：“是吗？”他说：“像个莲花！你是不太会看建筑。”他就跟我讲了一堆有关这座剧院的故事，故事内容有些不知道从哪里来的，不是我说过的，我很开心，因为关于这个案子，每个人都可以编出一套自己跟建筑的关系。

建筑是人类情感的容器

乌镇大剧院
WUZHEN THEATER

我在想象建筑的时候，心中就会冒出很多故事。建筑不应该是大家都不懂的东西，因为我们就生活在其中。建筑不应该是少数人才知道的系统，而应该是每一个人都可以体会、感受并产生共鸣的空间。

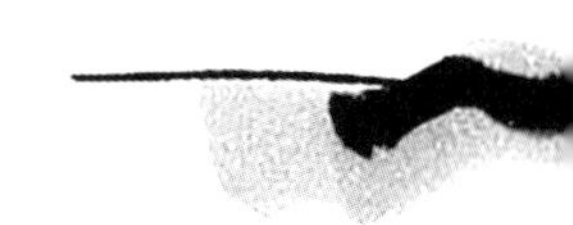

我对建筑的想象是镜头式的，我常想象人在空间里面的状态。建筑对我来说不是理论、抽象的东西，而是戏剧的空间，是人类情感的容器。我对于怎样创造一个空间去支撑、彰显人类日常活动中的故事，特别感兴趣。

我常常说建筑应该像一个舞台，一位电影界的人士跟我说："你讲舞台太小了，建筑应该像一个剧场。"

建筑实景

剧场本来就是我们去做梦的地方，我们明知道戏都是假的，还是要去看。乌镇又是一个像梦一样的地方，乌镇大剧院最大的任务就是要让人们的梦继续做下去，这个空间的氛围，就是不要惊醒了人们的好梦。

建筑实景（照片由乌镇旅游股份有限公司提供）

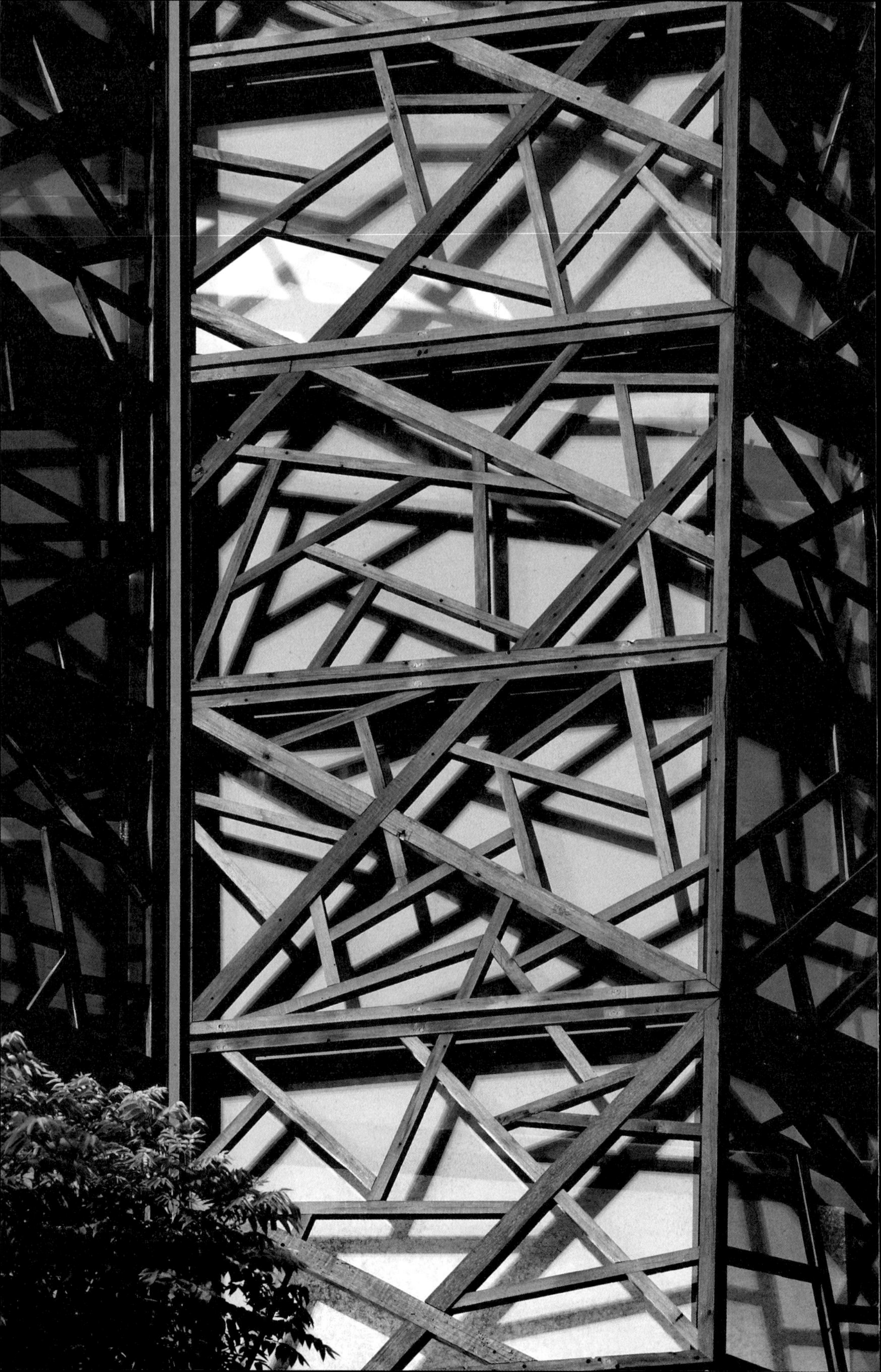

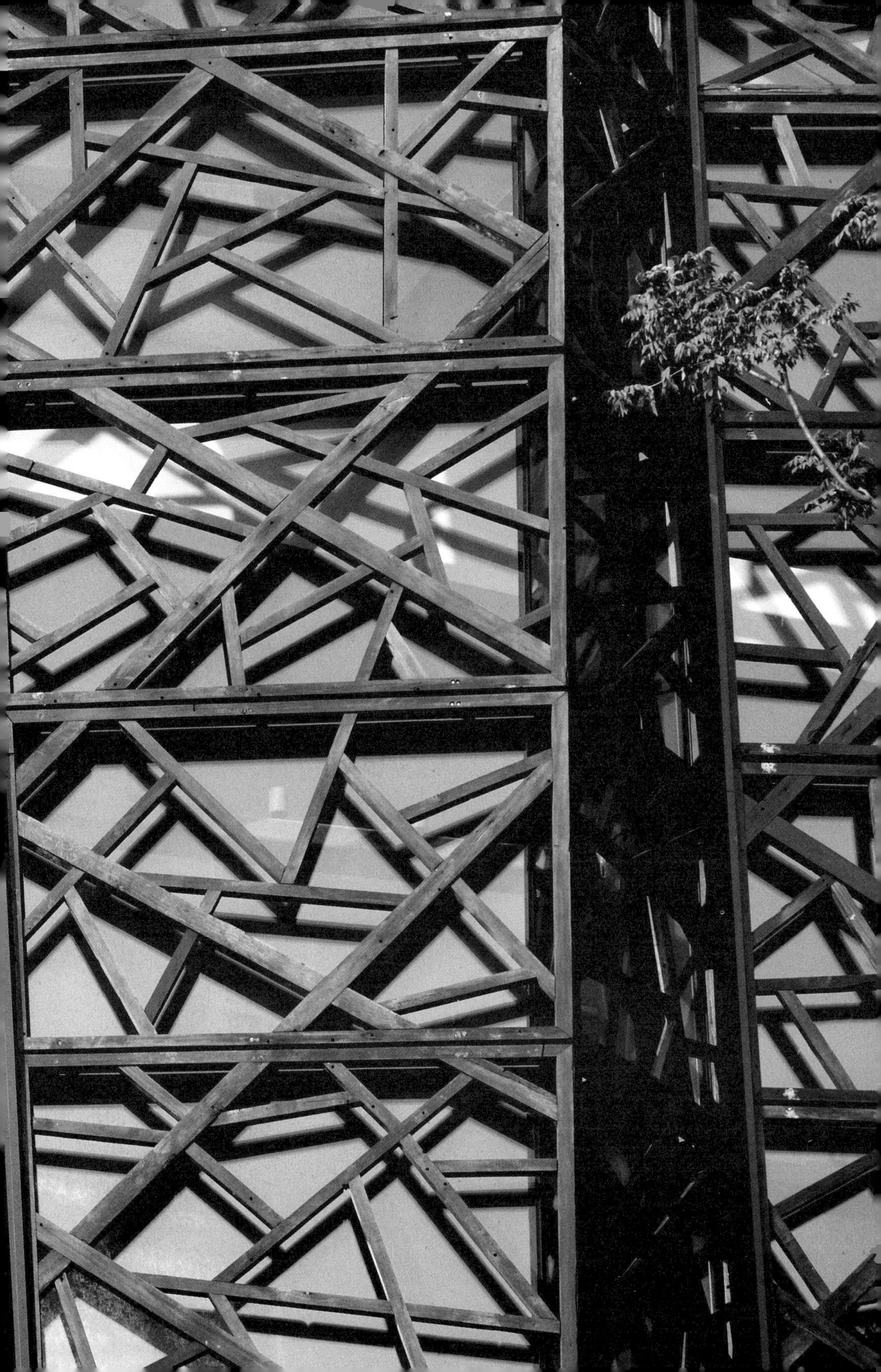

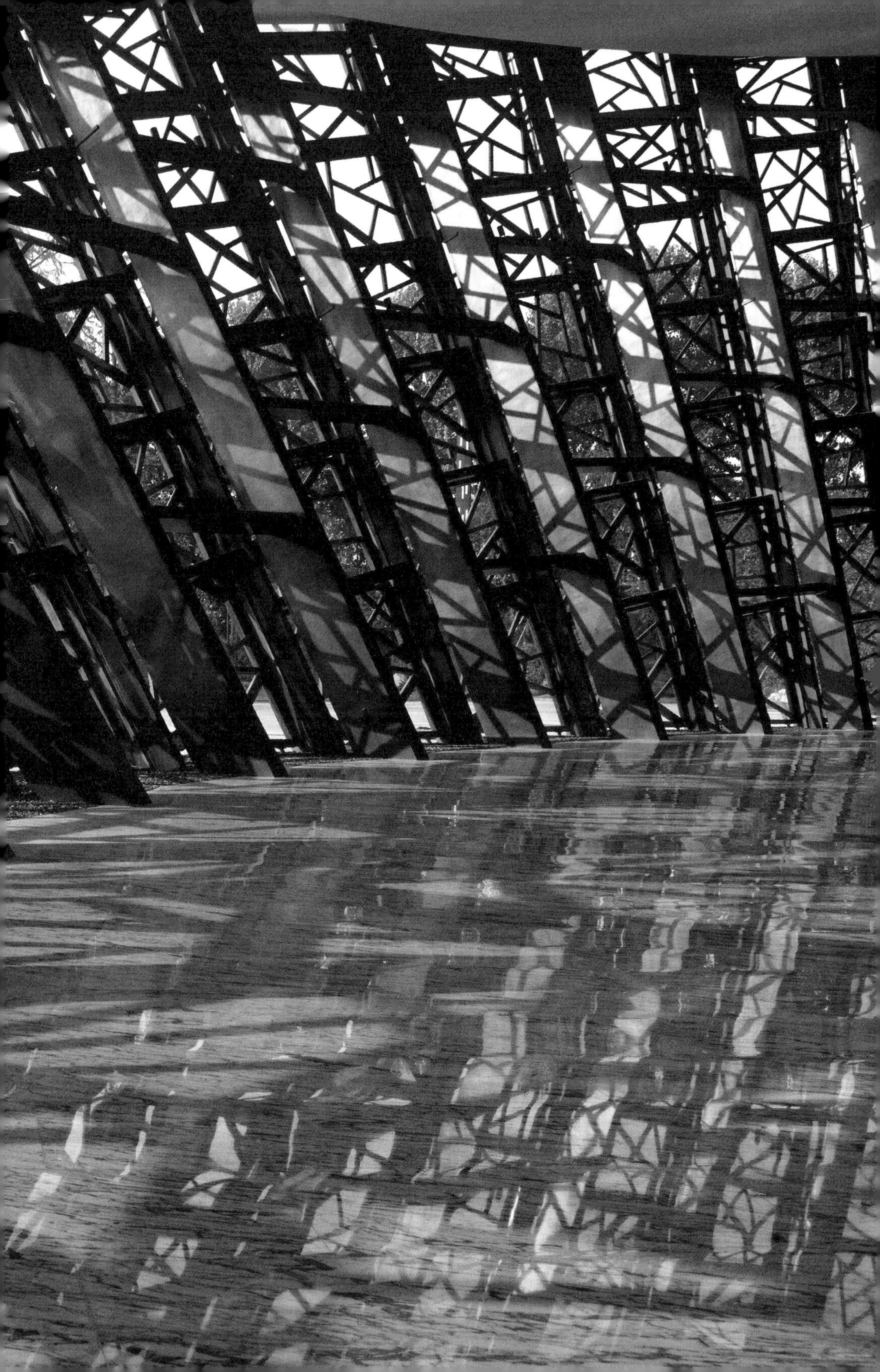

案　　址	浙江嘉兴
建筑物结构	钢筋混凝土、钢骨结构
材　　料	青砖、玻璃帷幕墙、实木格栅
用　　途	剧院
楼　　层	地上五层，地下一层
合作设计院	上海建筑设计研究院有限公司

设计时间 2010

完工时间 2013

设计说明

乌镇开发管理者的愿景是将乌镇塑造成具有国际知名度的戏剧节活动据点。本案设计最大的挑战在于如何将两个分别为 1200 席和 600 席座位的主剧院和多功能剧场置入这片精巧古典的江南水乡。

设计应用代表吉兆的“并蒂莲”作隐喻，两座剧场的配置以重叠并蒂的部分为舞台区，舞台可依需求合并或单独利用，以创造多样的表演形式。剧院可满足不同形式的使用需求，可提供各式表演及其他活动的空间。访客可搭乘乌篷船或步行到达剧院。多功能剧场以银箔包覆，位于建筑东侧，一片片手砌京砖的斜墙，宛如花瓣层叠，围出此剧场的前厅空间；西侧的镜框式大剧院则展现对比，以金箔包覆，位于清透光亮的折屏式的玻璃帷幕量体中，外侧披覆一圈传统样式的窗花。

剧院已于 2013 年 5 月完工，同时揭开了首届乌镇国际戏剧艺术节序幕，被誉为“中国最美丽的剧院”。

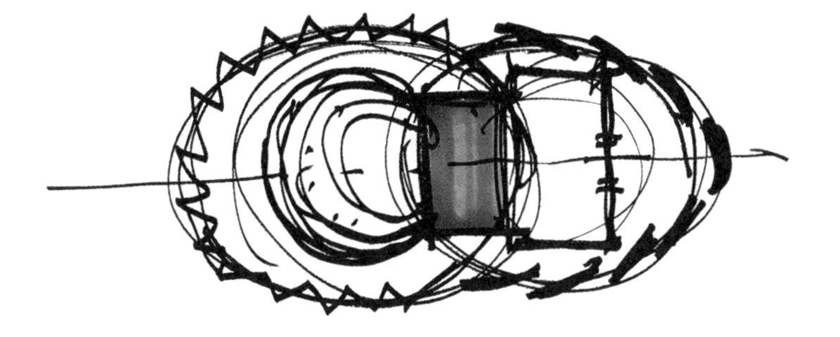

纵向剖面图

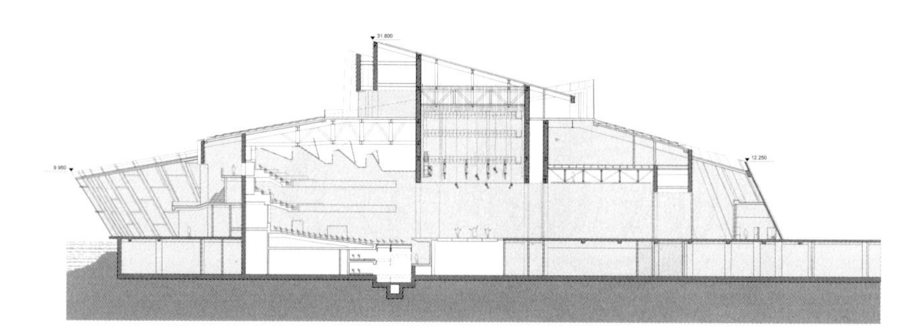

横向剖面图

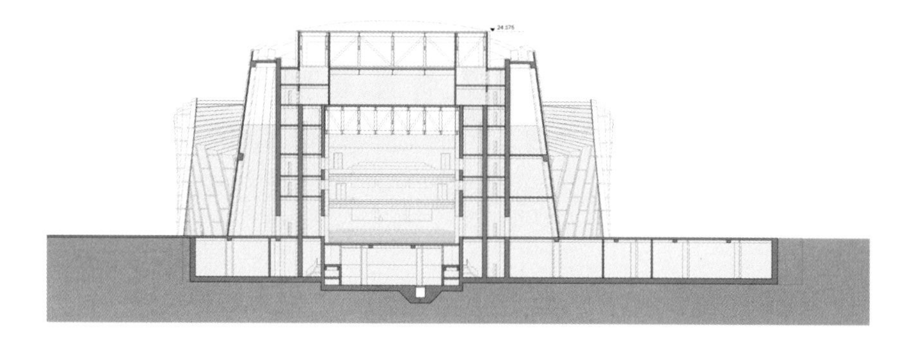

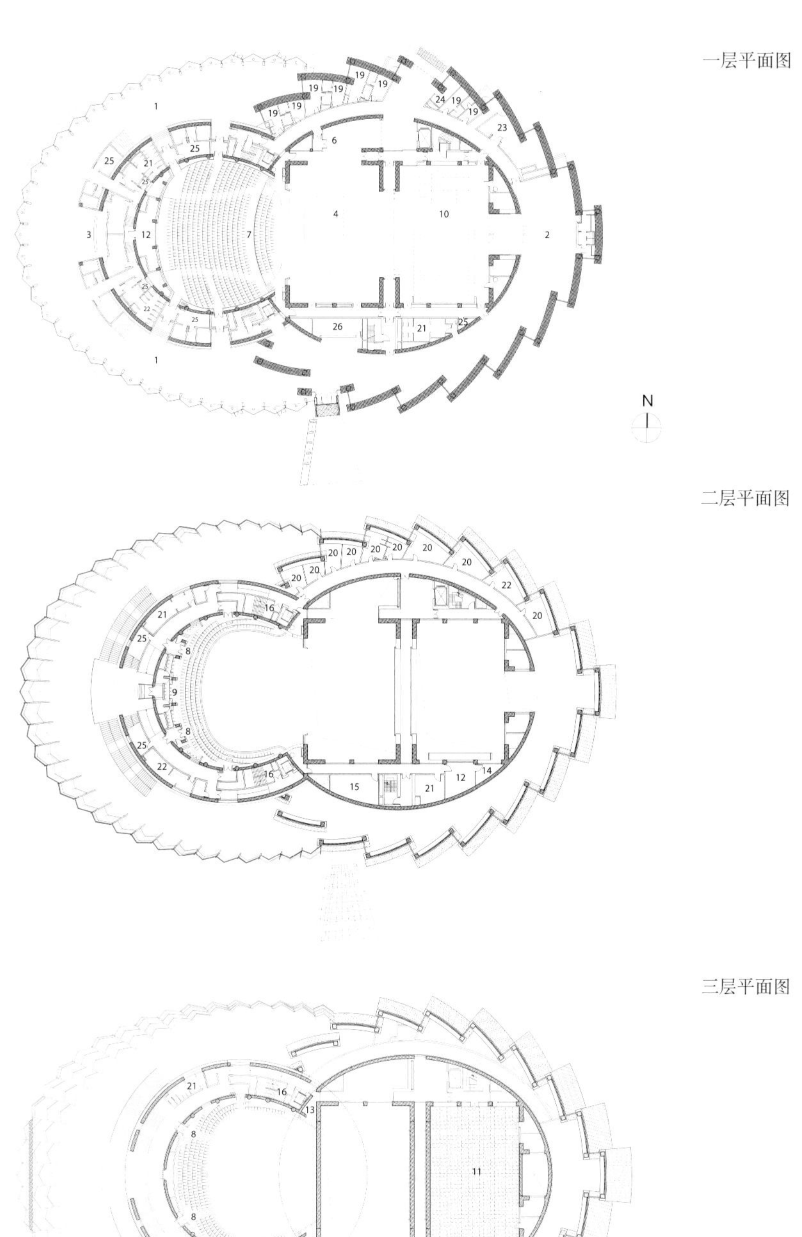

1 主剧场前厅
2 实验剧场前厅
3 吧台
4 主舞台
5 实验剧场
6 侧台
7 观众厅池座
8 观众厅楼座
9 包厢
10 贵宾室
11 实验剧场棚架
12 控制室
13 耳光室
14 调光室
15 办公室
16 楼梯
17 隔音幕机房
18 空调主机室
19 化妆室
20 团体化妆间
21 男卫生间
22 女卫生间
23 备餐室
24 警卫室
25 机房
26 衣物存放区
27 卸货区
28 天桥
29 露台

老船木窗花细部放样图

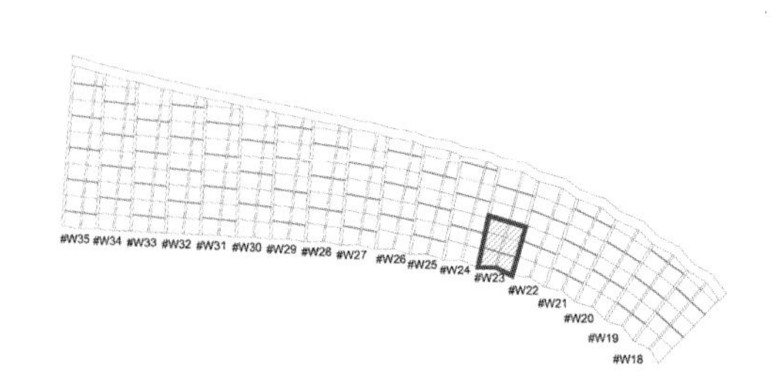
#W35
#W34
#W33
#W32
#W31
#W30
#W29
#W28
#W27
#W26
#W25
#W24
#W23
#W22
#W21
#W20
#W19
#W18

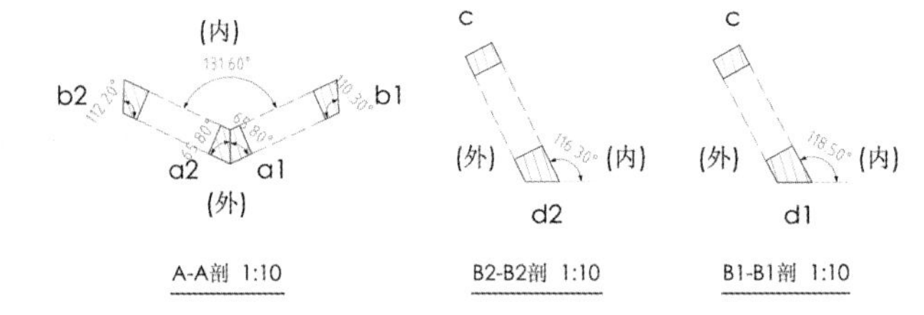
(内)
131.60°
b2
b1
a2
a1
(外)
A-A剖 1:10
C
(外)
116.30°
(内)
d2
B2-B2剖 1:10
C
(外)
118.50°
(内)
d1
B1-B1剖 1:10

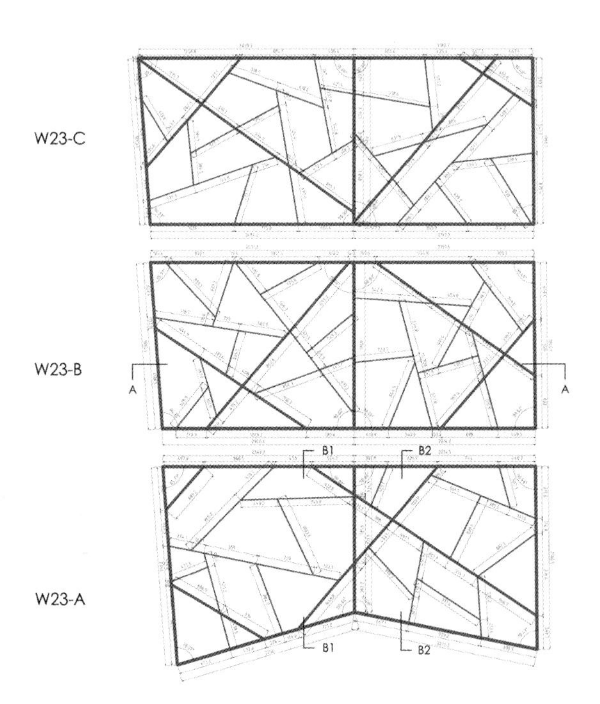
W23-C
W23-B
A
A
B1
B2
W23-A
B1
B2

南向立面图

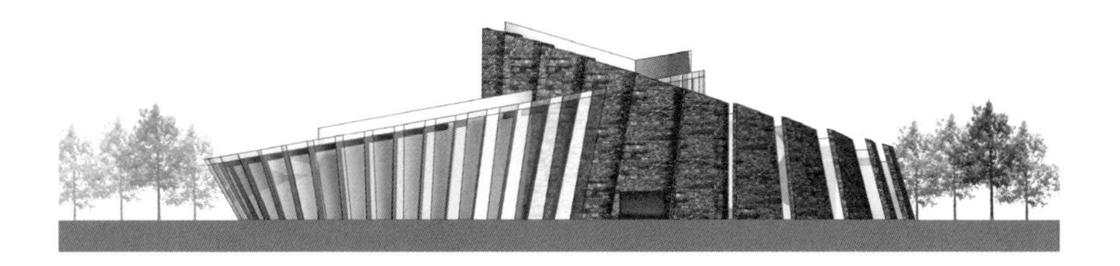

东向立面图

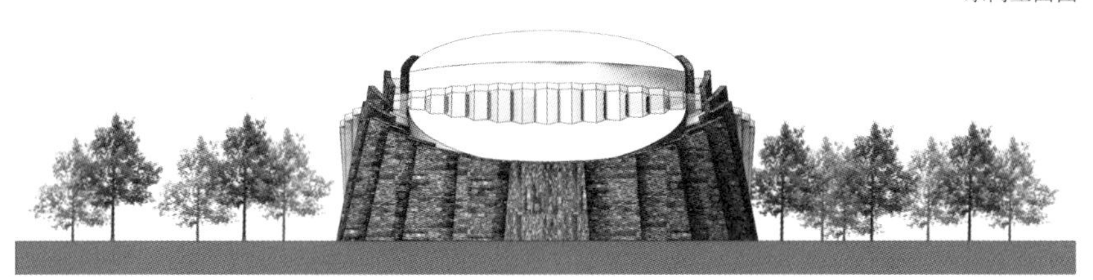

西向立面图

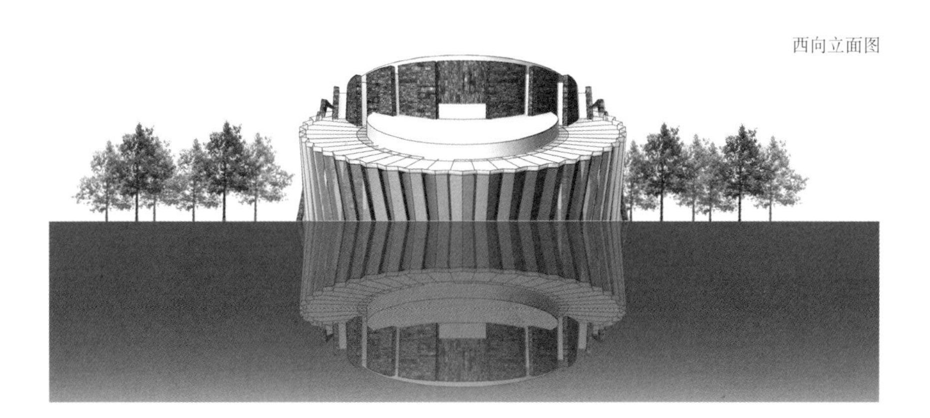

建筑的历史延续性

“台北故宫博物院”南院

PALACE MUSEUM IN TAIPEI，SOUTHERN BRANCH

在经济快速发展的当下，我们一不小心可能就会破坏环境——不只是生态环境，甚至是更抽象的环境。建筑是长久的。做坏一个蛋糕可能隔天就可以扔掉，盖一个房子要放好久，做坏一座建筑会影响很多人，建筑的失误是不可逆的，需要用一颗敬畏之心去处理建筑。

我认为自己是一个关心文化历史的建筑师，岁月的变化，再加上对建筑日积月累的熟悉度和把握度，近年来我对于所谓的融入文化和地域性的思考能够更直接地表达出来。

建筑实景

我们处在一个需要即刻刺激的年代，所以有一些建筑中比较长久、隽永的价值不容易吸引人。我并没有反对那种探索的方向，但如果用粗糙、廉价的方式表达出来，就是比较麻烦的问题。建筑无法被扔掉，所以会对城市和人产生很多影响，这也是为什么我们一直要强调隽永这个概念：建筑是个很硬、很重、很难舍弃的东西。

案　　址｜台湾嘉义
建筑物结构｜钢骨结构、钢筋混凝土
材　　料｜铸铝圆盘、玻璃帷幕墙、低辐射玻璃、马赛克面砖
用　　途｜博物馆
楼　　层｜地上四层，地下一层

｜设计时间 2011
｜完工时间 2015

设计说明

借由中国书法中浓墨、飞白、渲染三种笔法，此博物馆建筑由三座流线型量体交织而成，在嘉南平原一片绿色的蔗田与稻田之中，显现出墨黑色行云流水般的流动造型。这三个各具特色的造型具有不同的功能：由于典藏品对自然光相当敏感，因此实量体（源自浓墨）主要为典藏与展示空间；玻璃与钢柱所形塑的虚量体（源自飞白），则为大厅、餐饮、图书馆、办公室等空间；而第三种笔法的渲染穿越过前两个交织的造型，将所有的空间联系起来。

参观者抵达博物馆正门时，会从湖的对岸看见这座主体建筑。走过整体设计的弧形的步道桥，从虚量体下方进入一个种满竹子的宁静中庭，参观者在此准备进入馆内参观。进入大厅后，硕大的帷幕玻璃将东侧优美的湖景尽收眼底。一座宽广的楼梯引领参观者缓步而上，抵达虚、实量体交会处之导览空间，一系列的精美展示由此开始。

实量体建筑的外观由 36 000 多片铸铝圆盘外挂于弧形墙面构成，以现代数码化的设计呈现古老铜器上的龙纹及云纹。当阳光移动时，经由圆盘的反射，“在云中移动的龙”会在此独特设计的弧形立面上呈现出来。

景观配置图

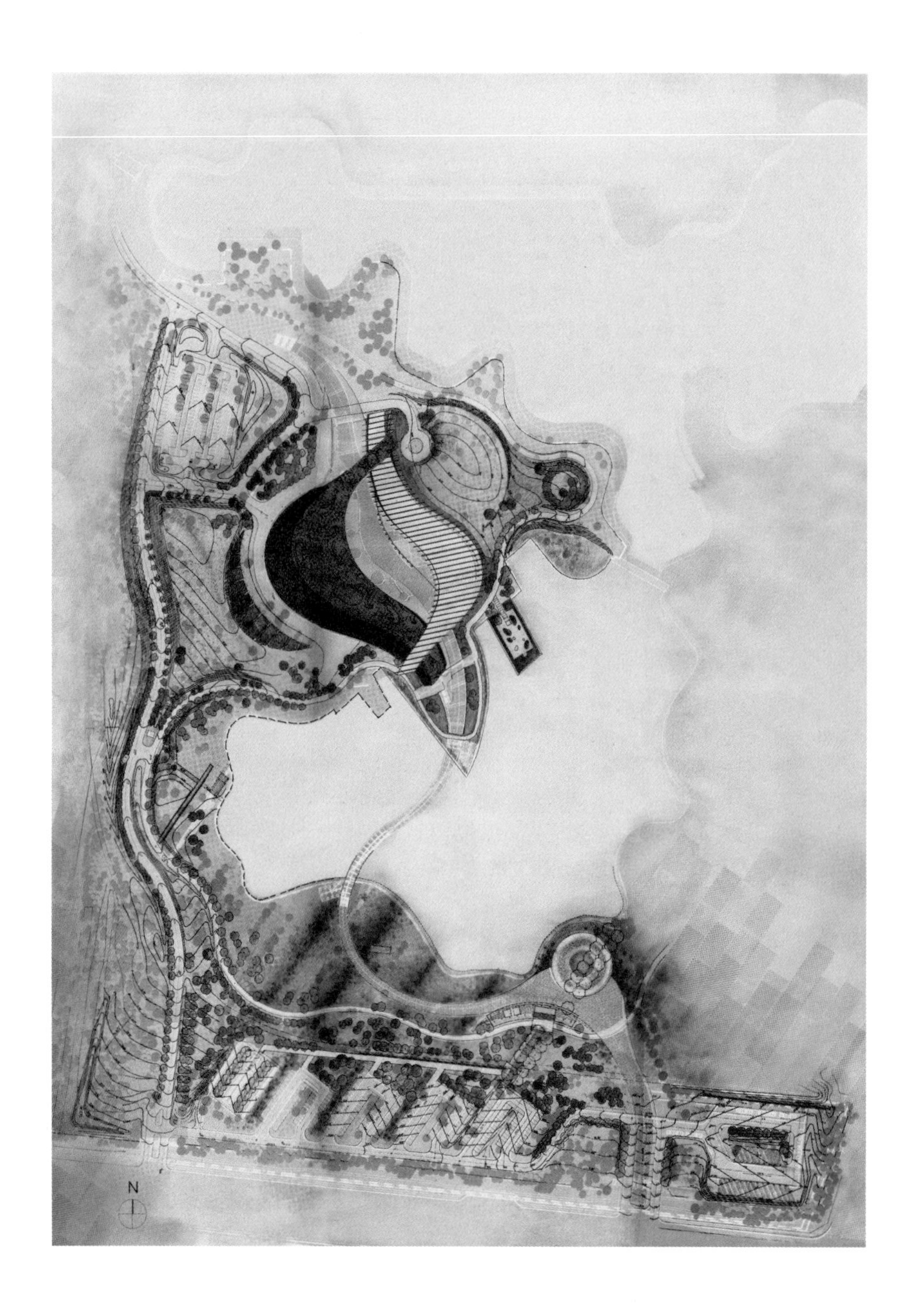

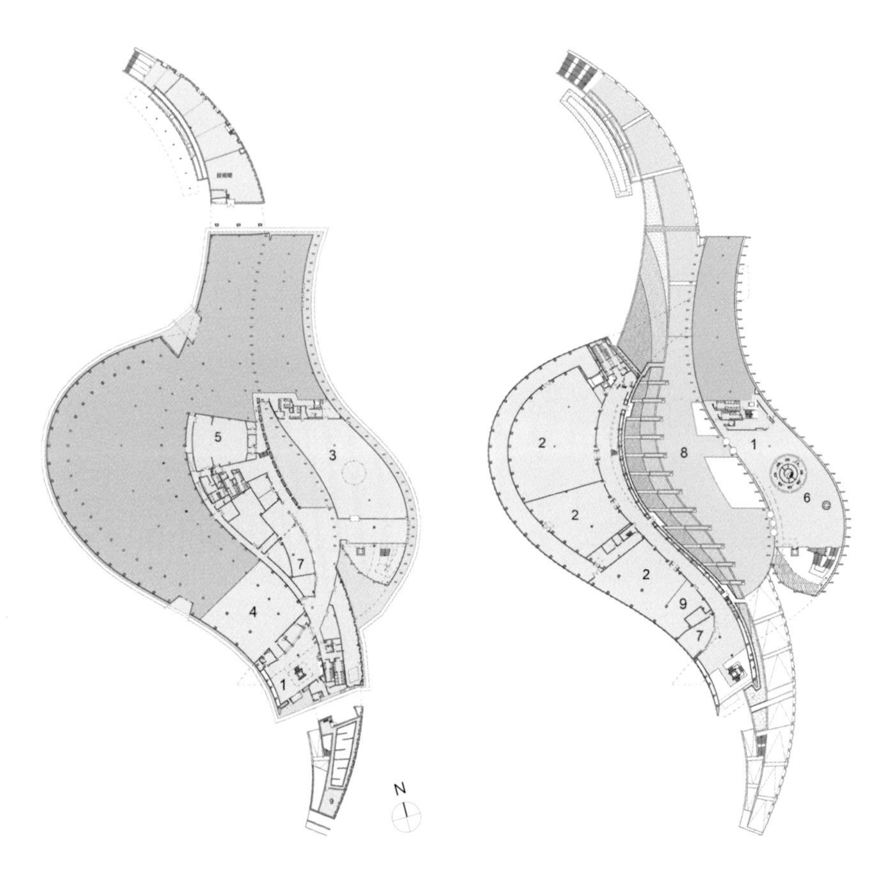

一层平面图　　　　二层平面图

1　大厅
2　展厅
3　儿童博物馆
4　临时展区
5　礼堂
6　询问处
7　礼品店
8　中庭
9　技术间

大厅横向剖面图

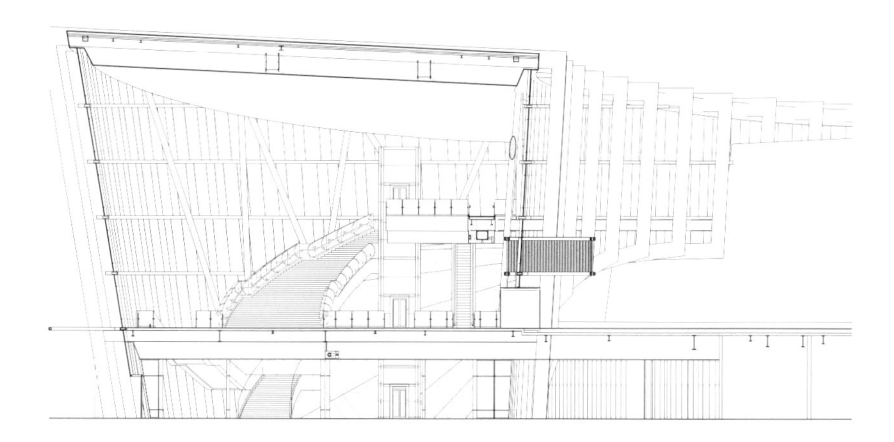

大厅纵向剖面图

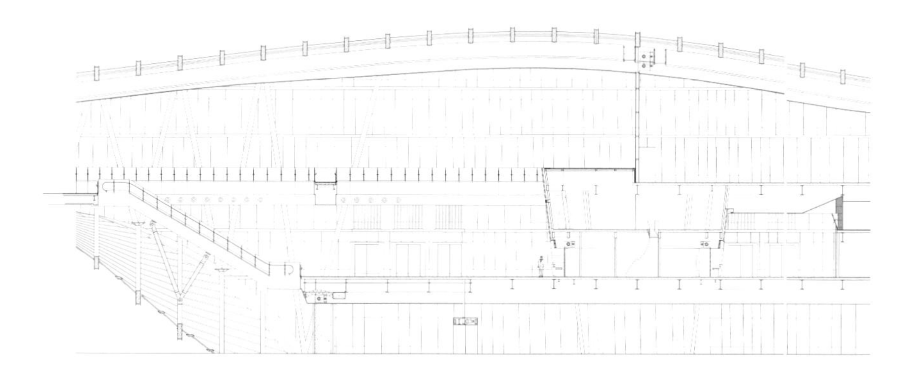

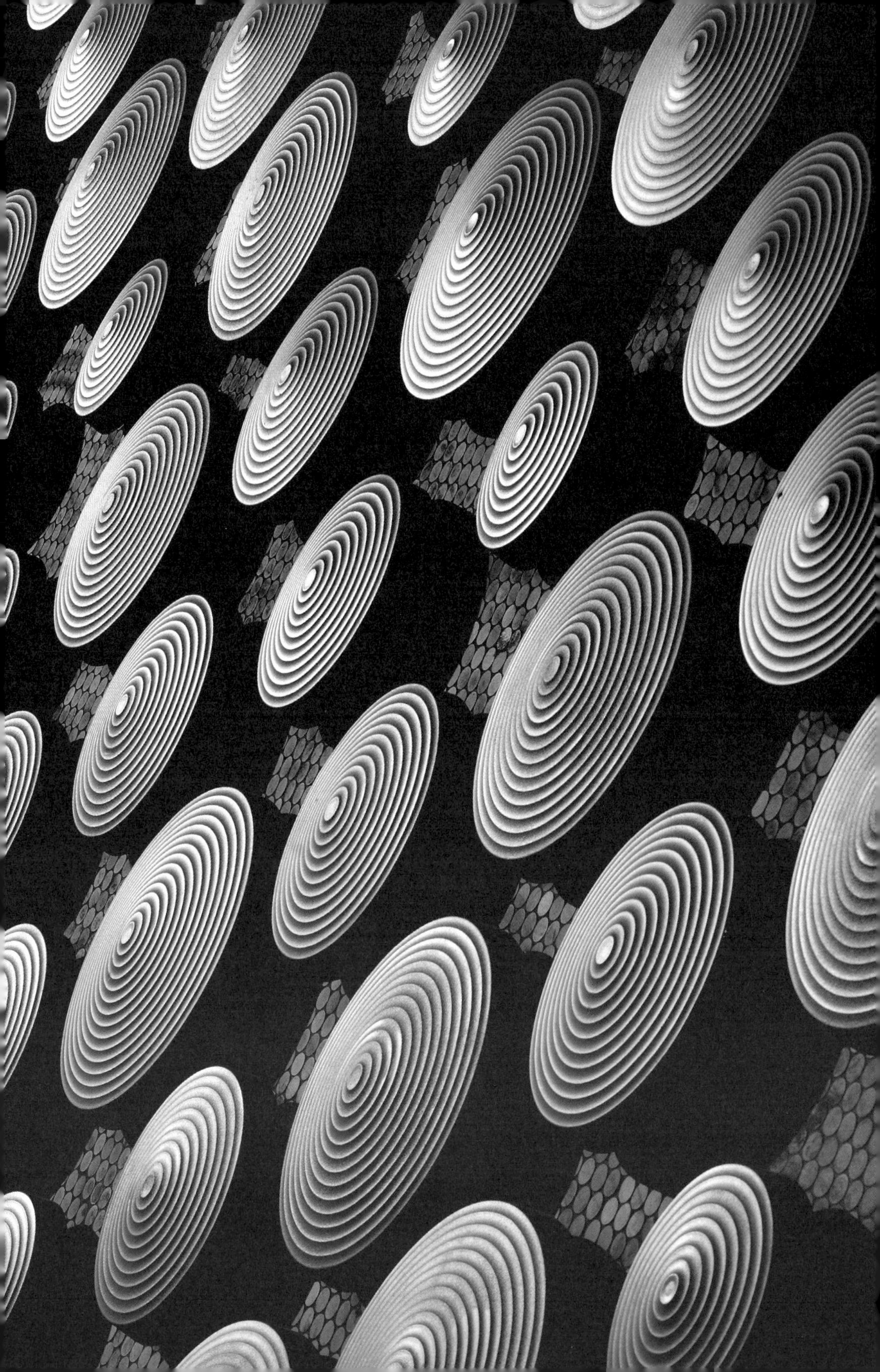

建筑的戏剧性

兰阳博物馆
LANYANG MUSEUM

我一直对于建筑设计成什么样子、什么风格等不是特别有兴趣，我反而更想了解为什么某个建筑物会产生，这后面一定有人文、社会、经济、政治等各方面的因素。

只做标签式建筑蛮无聊的，我更愿意对每个案子的情境、状况、地形、气候等做出回应，进一步说，这也是源于我对空间戏剧化的兴趣。

如果做建筑是把建筑抽离出来作为某种系统，然后研究这个系统怎么运作、怎么设计，从而有了一套理论，我对这样的做法没有兴趣，因为那样的建筑是一个独立的抽离的东西。

建筑实景

单面山礁石

建筑是一种“情境”，“情境”在更好的状态中会升华成为一种“意境”。意境是一种心里面的东西，而情境是一种外在的东西，情境是“外象”，意境是“内境”。

建筑实景

外墙铸铝及石材帷幕墙细部

建筑实景

案　　址	台湾宜兰
建筑物结构	钢筋混凝土、钢骨结构
材　　料	铸铝板、花岗岩（印度黑、加利多尼亚、南非浅黑、火山绿、奥林匹亚白、辛巴威黑）、低辐射玻璃
用　　途	博物馆
楼　　层	地上四层

设计时间 2000

完工时间 2010

设计说明

站在远处眺望本案基地乌石礁遗址，“石港春帆”的繁荣景象仿佛历历再现，沿着海岸线错落进退的礁石，陡峭凛立的单面山……山、海、平原都在诉说宜兰的故事。珍贵的湿地与长年伫立的乌石，是规划设计中最独特的元素，兰阳博物馆的建筑也在此丰富的自然历史环境中自然生起。

在建筑的规划上，宜兰美丽的山、平原、海是重要的主角，也是建筑坐拥的天然背景。建筑的线条引领人们的视线从山景的最高处层层下降，在此高度移动的过程中，湿地、石港与大海逐一展现。当参访者踏上手扶梯的刹那，海上的龟山岛倏然矗立登场，作家黄春明所描述的宜兰子弟在归乡途中第一眼望见龟山岛的那种心情油然而生。整体建筑倾斜 20 度角从大地拔出，所有倾斜的线性交会，令观者体验了新的空间维度与张力。

材料的选择也展现了宜兰丰富的自然环境。结合单面山的意象，建筑物外墙运用多种花岗岩与铸铝板，展现自然形象的细腻质感，雨天石材颜色的变化也让建筑随时有不同的表情，而维瓦尔第的“四季”透过设计转化为立面的韵律。

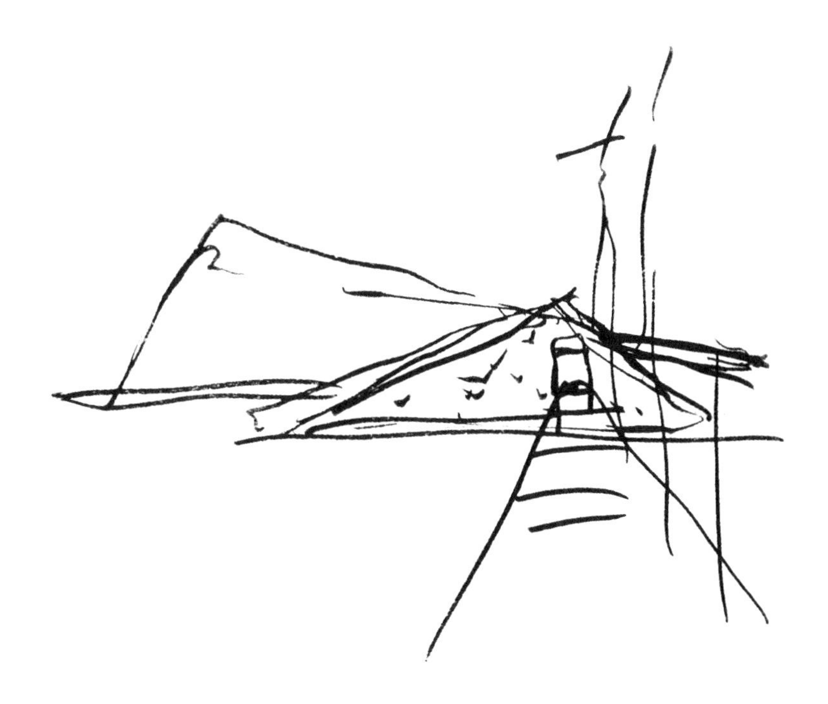

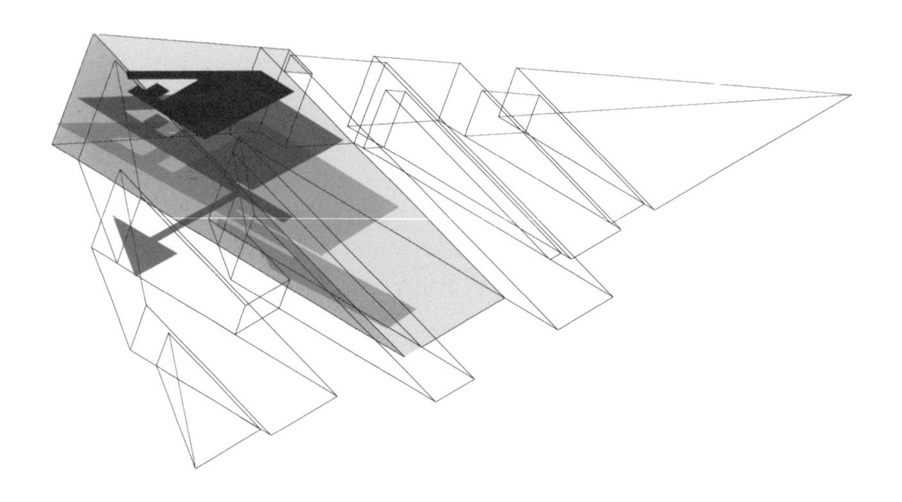

量体概念

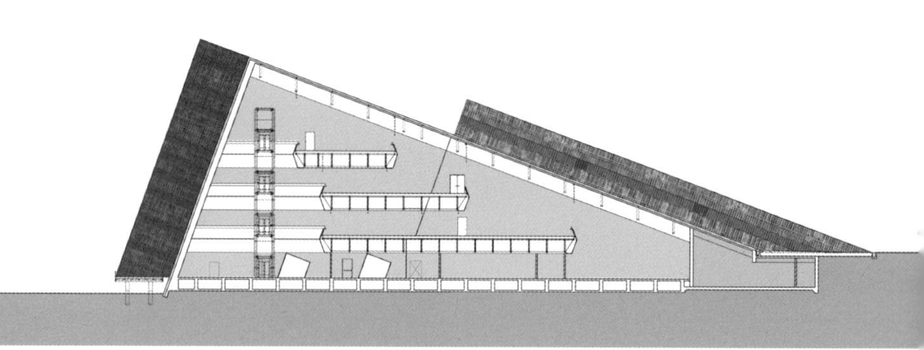

展示厅剖面图

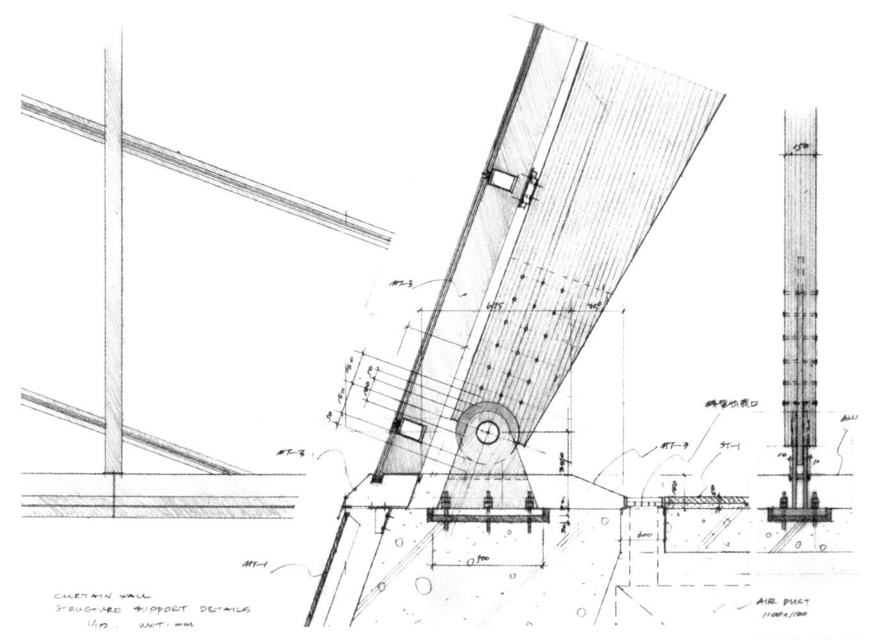

玻璃帷幕墙细部

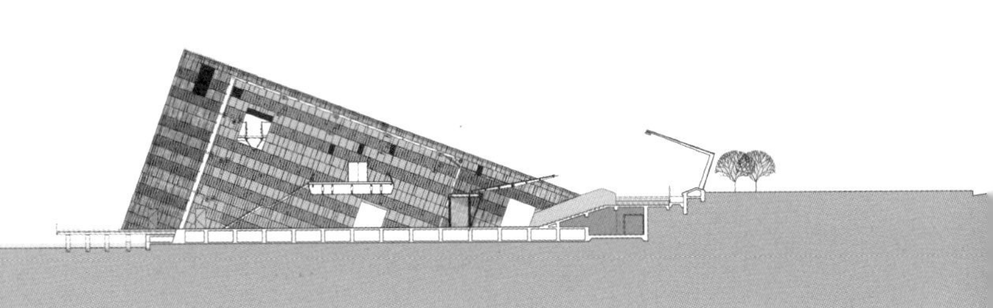
大厅剖面图

大厅空桥细部

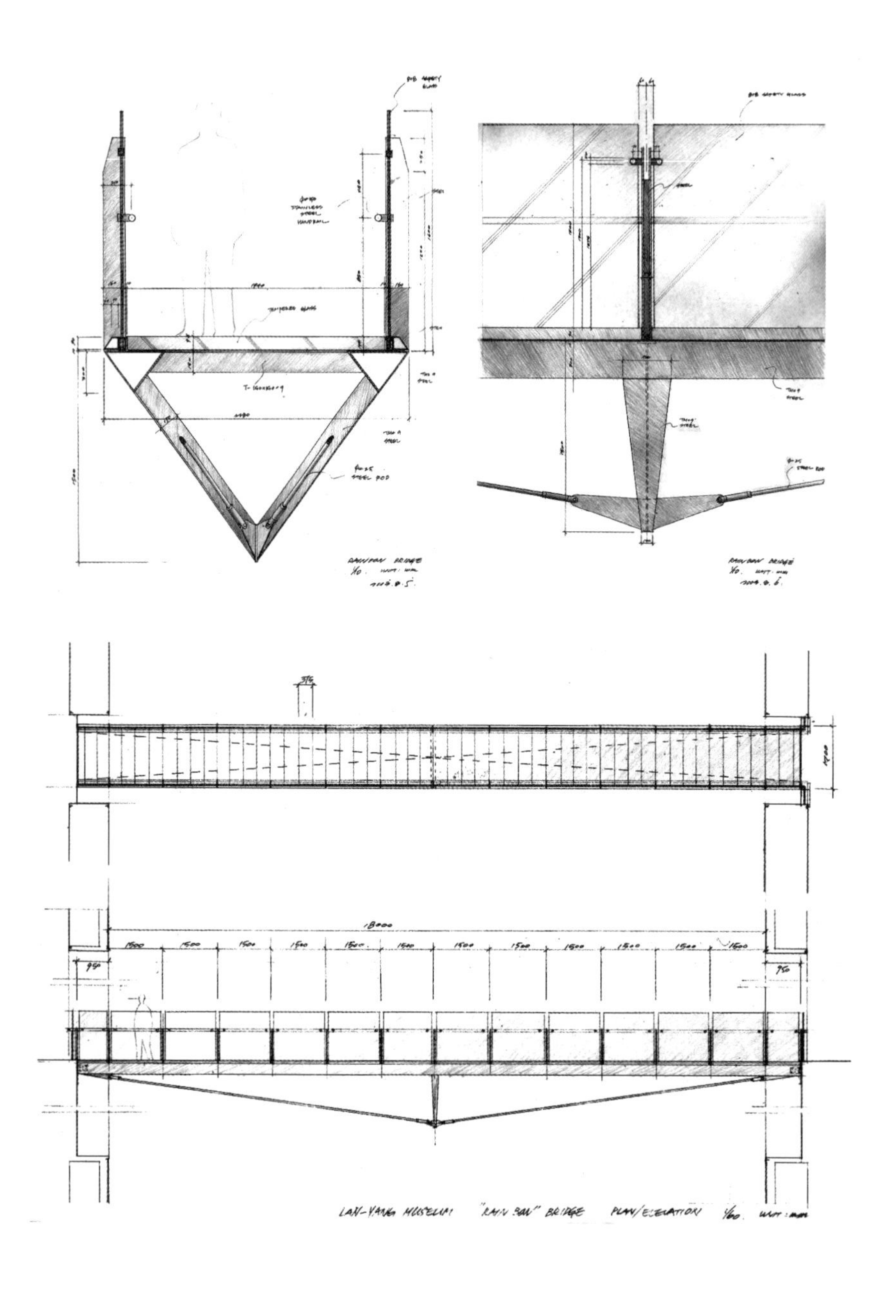

一层平面图

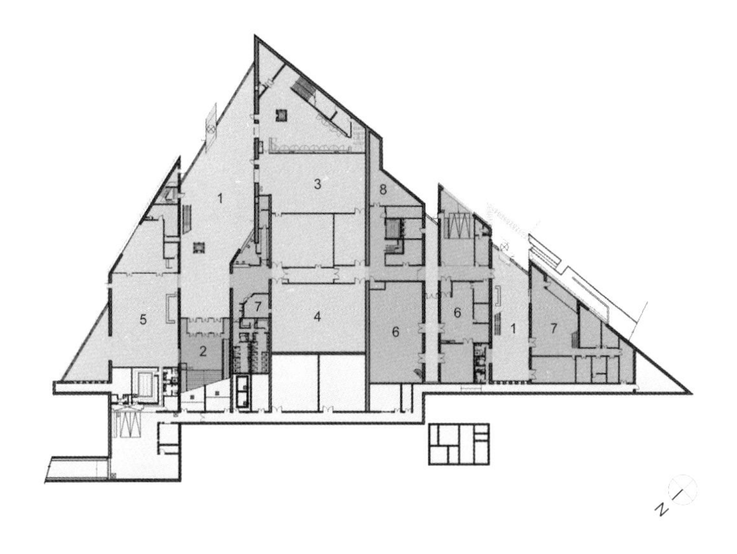

二层平面图

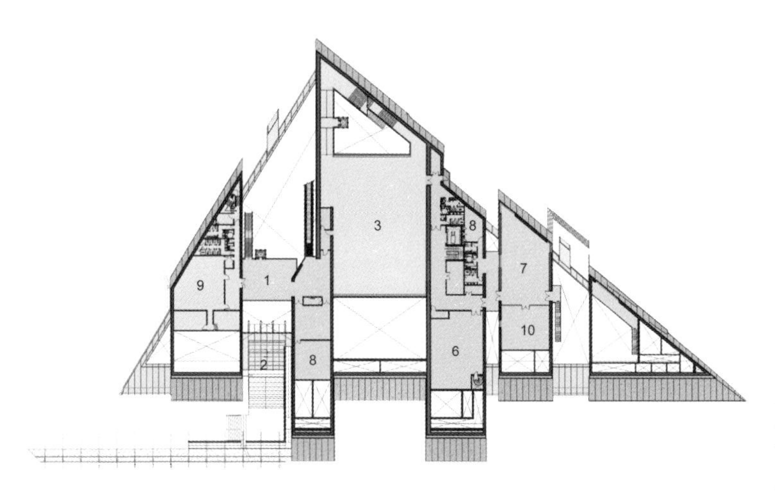

1 门厅
2 主入口
3 特展区
4 儿童馆
5 咖啡厅
6 典藏区
7 行政办公室
8 设备空间
9 讲演厅
10 图书馆

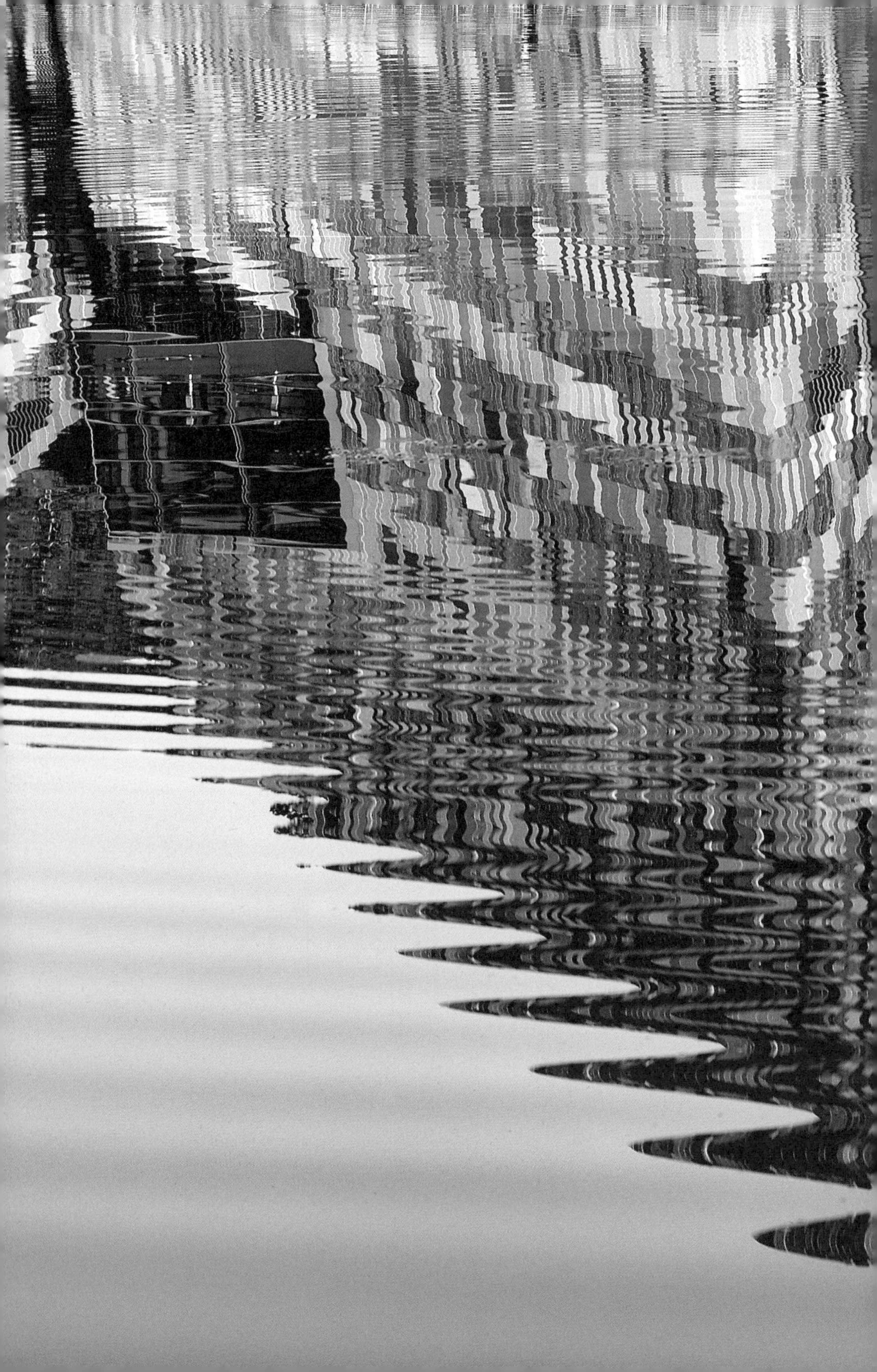

建筑是人类的原始欲望

罗东行政中心
LUODONG GOVERNMENT CENTER

我不太相信“功能”“艺术”的说法，因为如果优先“功能”的话，你可以住在山洞里。就像法国几千年前的石窟壁画，从功能上讲，画中心那头牛并没有什么实际用途。画和构造一样，都是一种原始的欲望，一种艺术的表现，而建筑，我想也是这样的。

“建筑”作为一种行为，就是人类最原始的一种欲望，“to build”就是去构建一个艺术，并非一定是为了一个功能。中国“有巢氏”发明了造房子的方法，“有巢氏”并不见得只代表了一个人，也可以是一种行为。刚开始很可能只是为了某种需求，可是这种需求在最初就是萌发自一种原始的欲望，就是“to build”，去“构建”，通过“构建”来传达一种艺术的“企图”，就像是把一个石头叠到另一个石头上，把一块砖砌到另一块砖上。

建筑效果图

案　　址	台湾宜兰
建筑物结构	钢筋混凝土
材　　料	清水混凝土、铝板、玻璃
用　　途	办公室
楼　　层	地上六层，地下二层

设计时间	2012
预计完工时间	2018

设计说明

罗马行政中心坐落于罗东镇入口处，由一组相当开放的建筑全体所构成。完成后，宜兰的六个行政单位将整合为“第二行政中心”，作为进出罗东的枢纽，也衔接了林业文化园区的出入口。建筑概念以木材堆叠为意象，在量体的高低起伏中，交错着虚实空间。

全区由七栋南北向的长形建筑量体所组成，它们各依不同的行政单位配置。位于中间的量体地面层抬高留白，成为民众的活动广场及连接林业文化园区的主要路径，其中穿插的创意展示空间则供民众多元运用。各栋楼层除了垂直动线外，亦有水平的楼梯、户外空间与空桥联系；楼顶的绿化植栽用“以林为邻”的概念呼应林业文化园区。本中心除了具备服务民众的行政功能之外，也作为附近林业园区休闲游憩的据点延伸，成为多元化的空间。

西向立面图

纵向剖面图

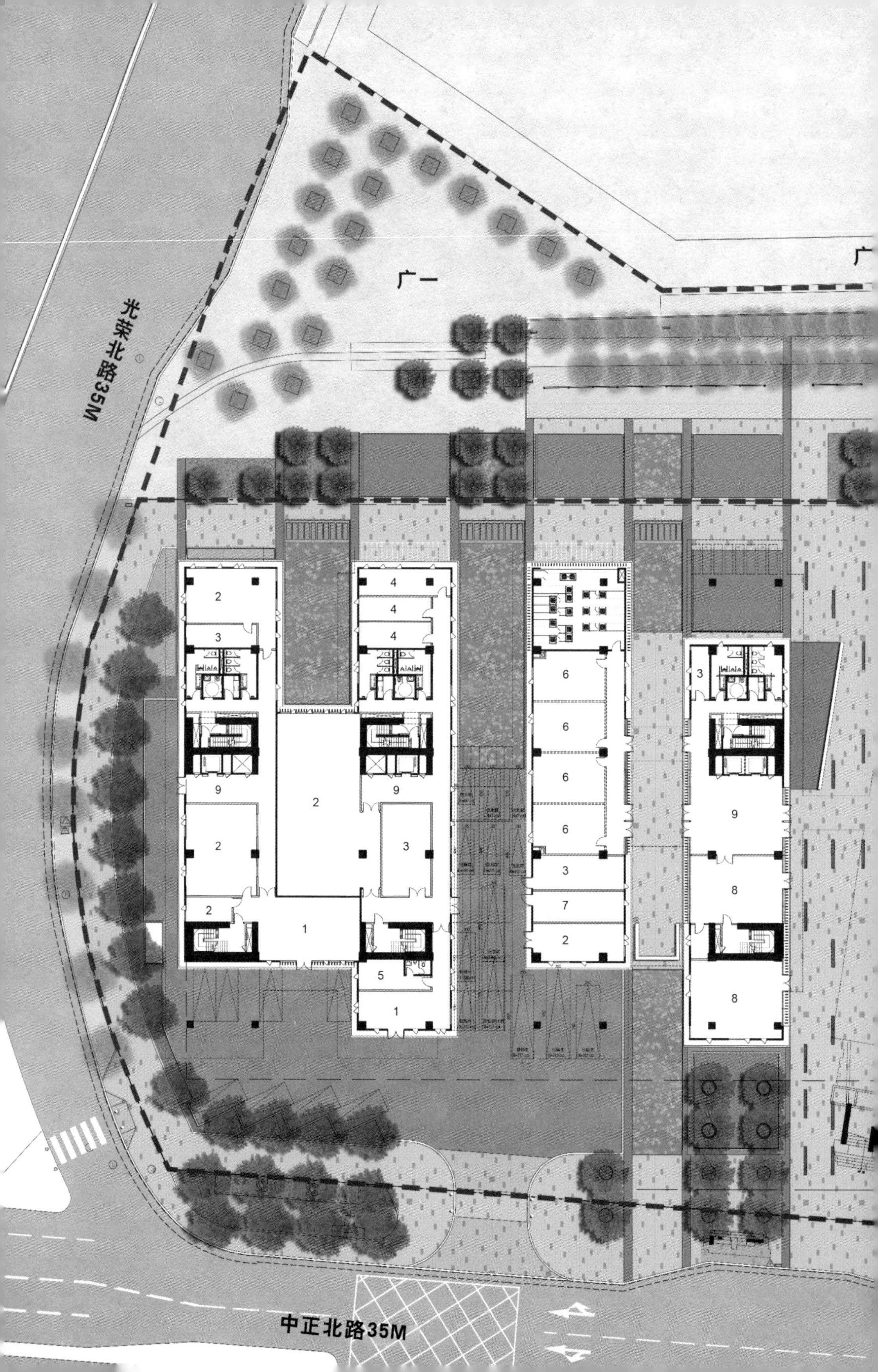
光荣北路35M
中正北路35M
广一

观统一规划
广兼道
广一
广一
机车车道
汽车车道
地下室开挖范围
2
9
8
1 门厅
2 办公室
3 储存室
4 附属宿舍
5 管理室
6 会议室
7 附属餐厅
8 附属福利社
9 梯厅
N

合理不是建筑的唯一标准

寒舍艾丽酒店

HUMBLE HOUSE

建筑要合理这个标准，我认为是不必要的。可是我对于构造要合理这个标准，深以为然。因为房子是要盖起来的，所以构造合理有很多层面的意义，包括经济性、可行性，尤其是我们这个年代说的永续（sustainable），即可持续性。你可以有很多创意，可是不一定要把构造弄得乱七八糟。

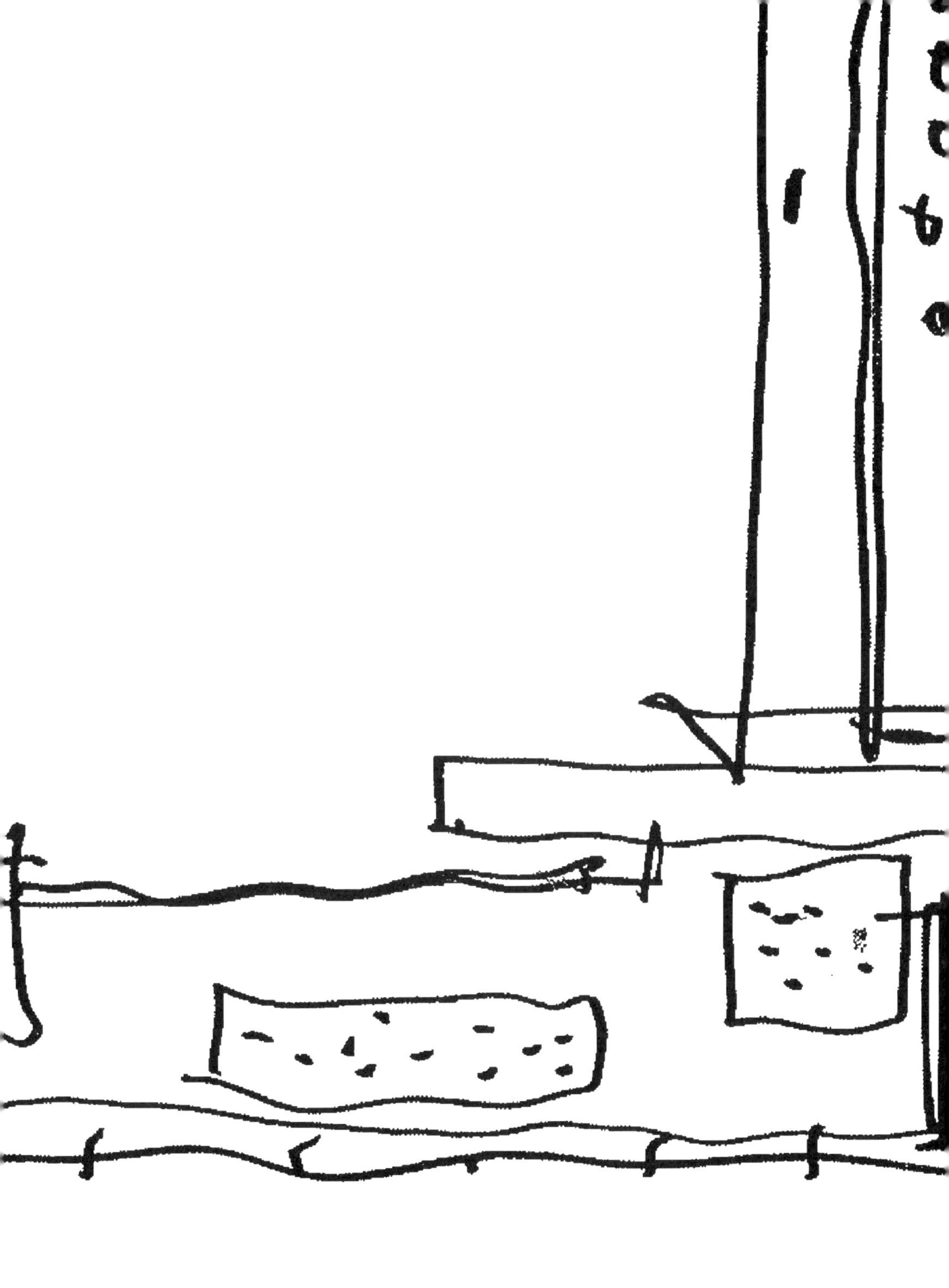

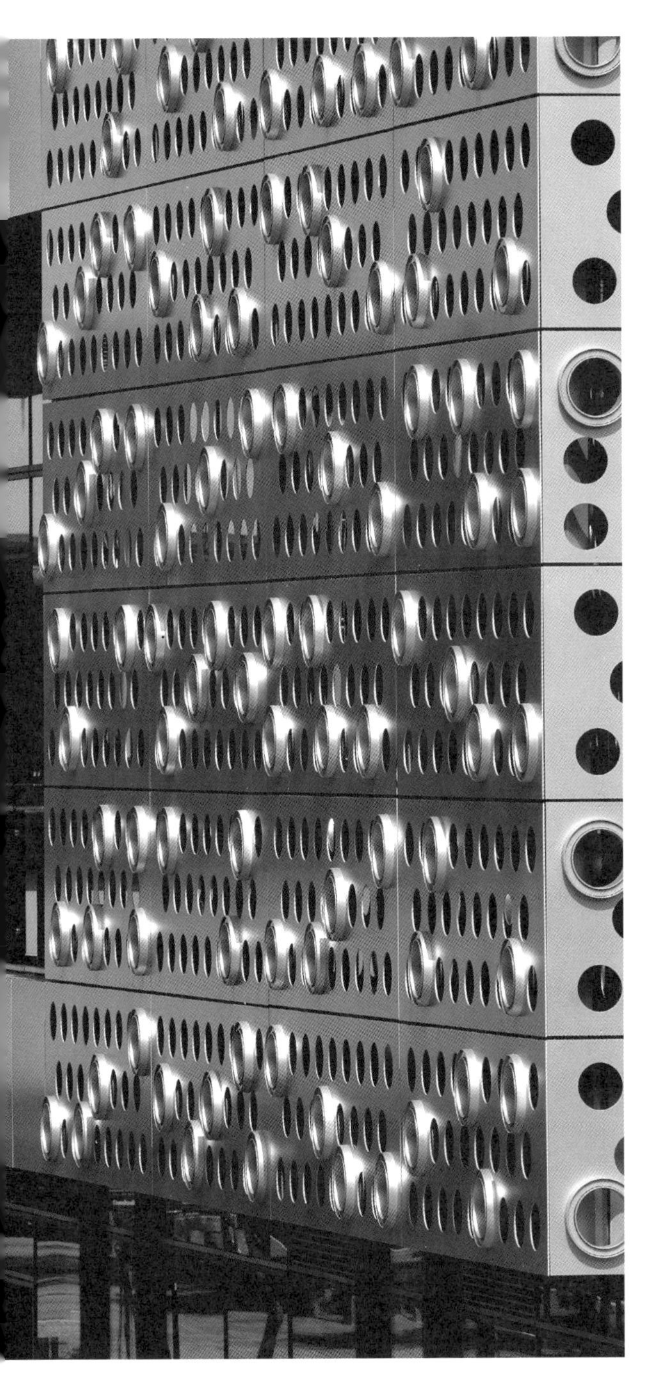

思想是创作的大敌。在人的社会里，我们希望得到认同，所以就会做做做……做了三个案子，有些类似的东西出现，我们就会很珍惜，就会想办法要把它守住。而我认为创作中你越舍不得，就越做不出来。

建筑实景

建筑实景

搞创作的人要练就一身功夫，那就是不管你觉得自己做得有多好、多久、多累，当你想出一个更好的点子，你就要像职业杀手那样把原本的东西丢掉，要做到“杀人不眨眼”。这样，自己才会变更好。所以思想不是很重要，自由才重要。

HumbleHouse

案　　址	台湾台北
建筑物结构	钢骨结构
材　　料	铝板、低辐射玻璃、复层玻璃、波浪玻璃、冲孔铝板
用　　途	酒店、商场
楼　　层	地上二十二层，地下五层

设计时间 2009

完工时间 2013

设计说明

寒舍艾丽酒店位于寸土寸金、人口稠密的台北市中心，高耸的商业大楼以空桥相连，借由寒舍艾丽酒店的完成，将信义区重要的街衢枢纽完全联系起来。

本案由三个部分组成：主楼是有着 250 间客房的商业酒店，裙楼设有购物商场，地下三至五楼为停车场与机电设备存放区。塔楼以风车状的平面配置，使得相对面积较小的客房也能享有开阔的视野。客房正下方的中央楼层设有餐厅、宴会厅、会议室、水疗中心与游泳池等公共区域，配合着大小不一的屋顶露台。购物商场与酒店在地面层共用宽敞的入口广场，以方便旅客上下车或不定期举办活动之用。

酒店建筑外观的三角形广角窗，赋予整栋建筑饶富趣味的节奏感，同时也拓展了小客房的视野。建筑裙楼采用不同外墙饰板，包括波浪玻璃、冲孔金属板、透明与半透明玻璃墙，构成视觉缤纷的外观，反映出内部多元的空间机能。

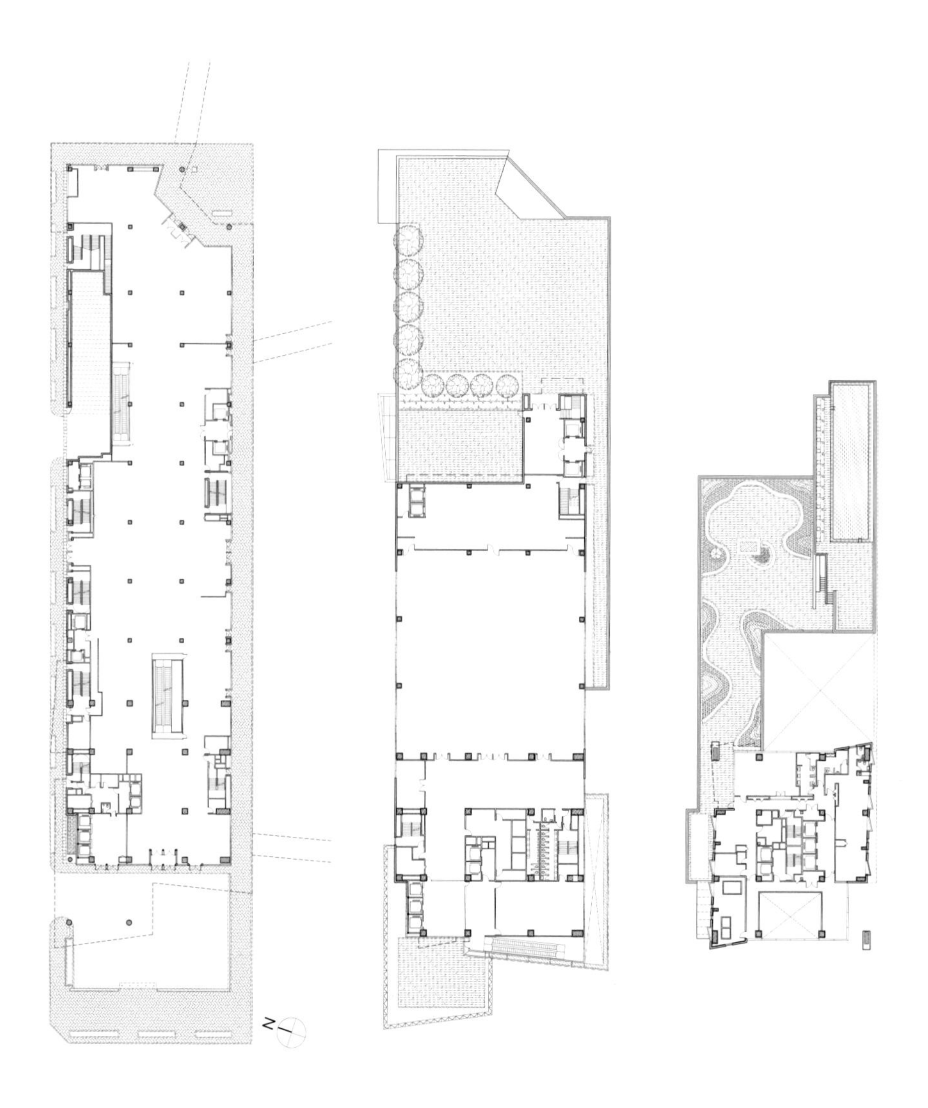

地面层平面图　　四层平面图　　六层平面图

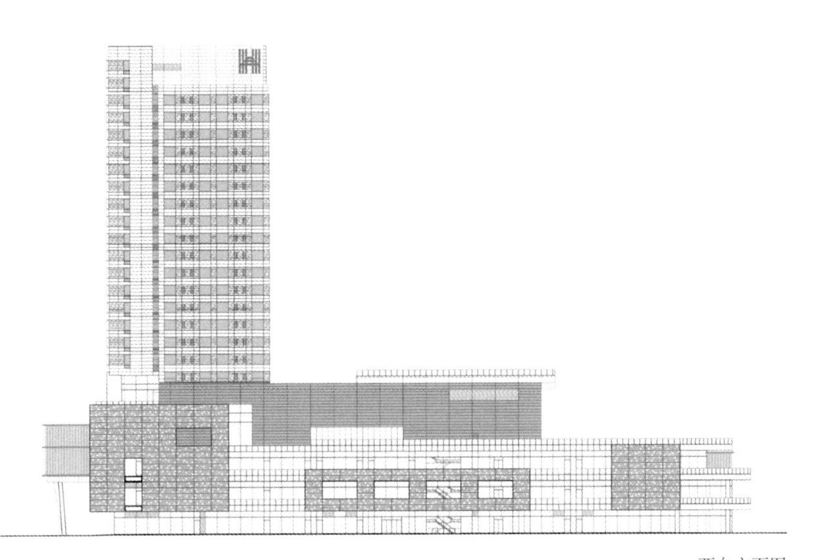

西向立面图

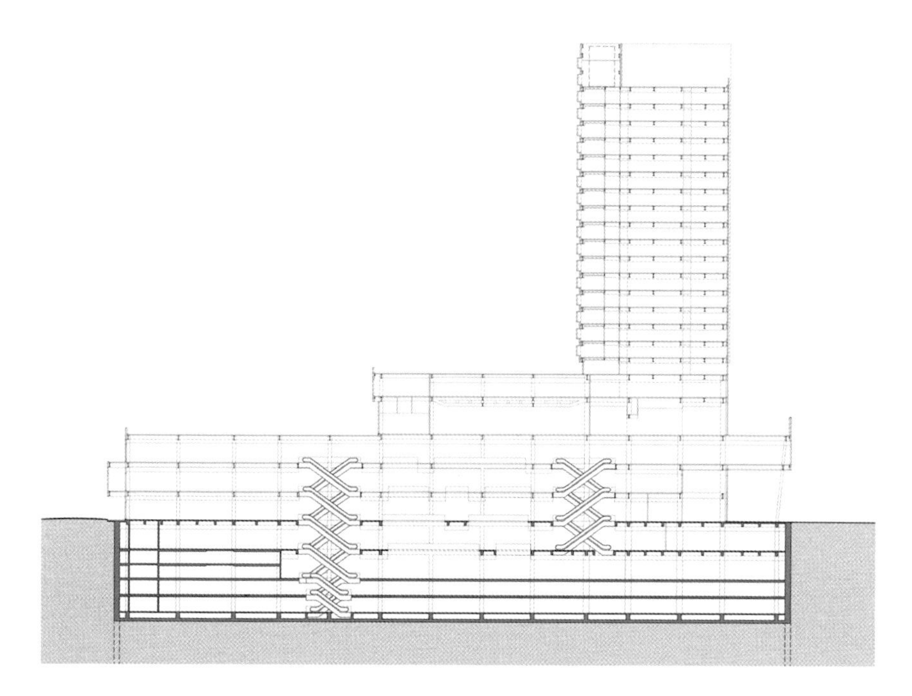

纵向剖面图

建筑模型

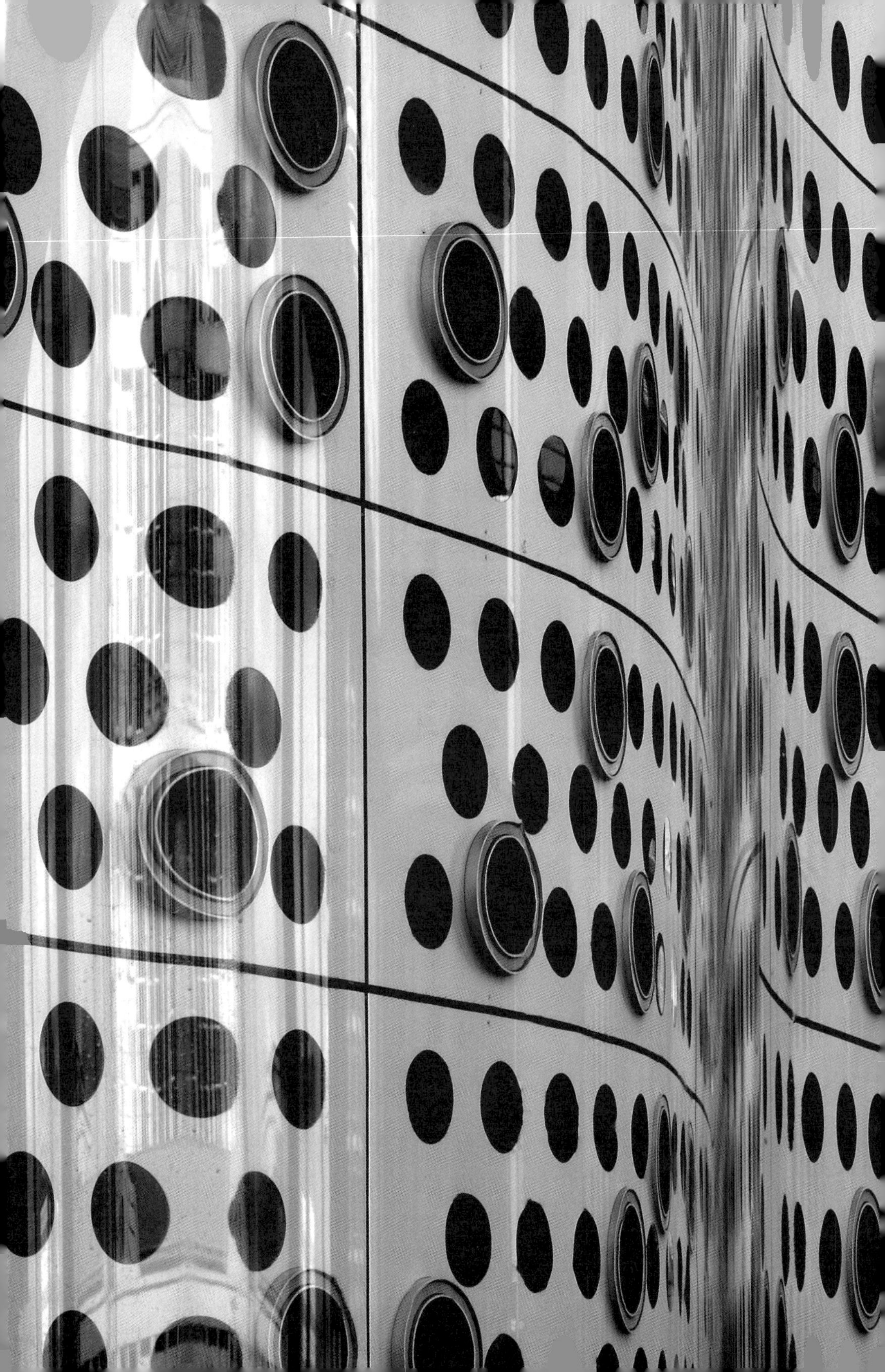

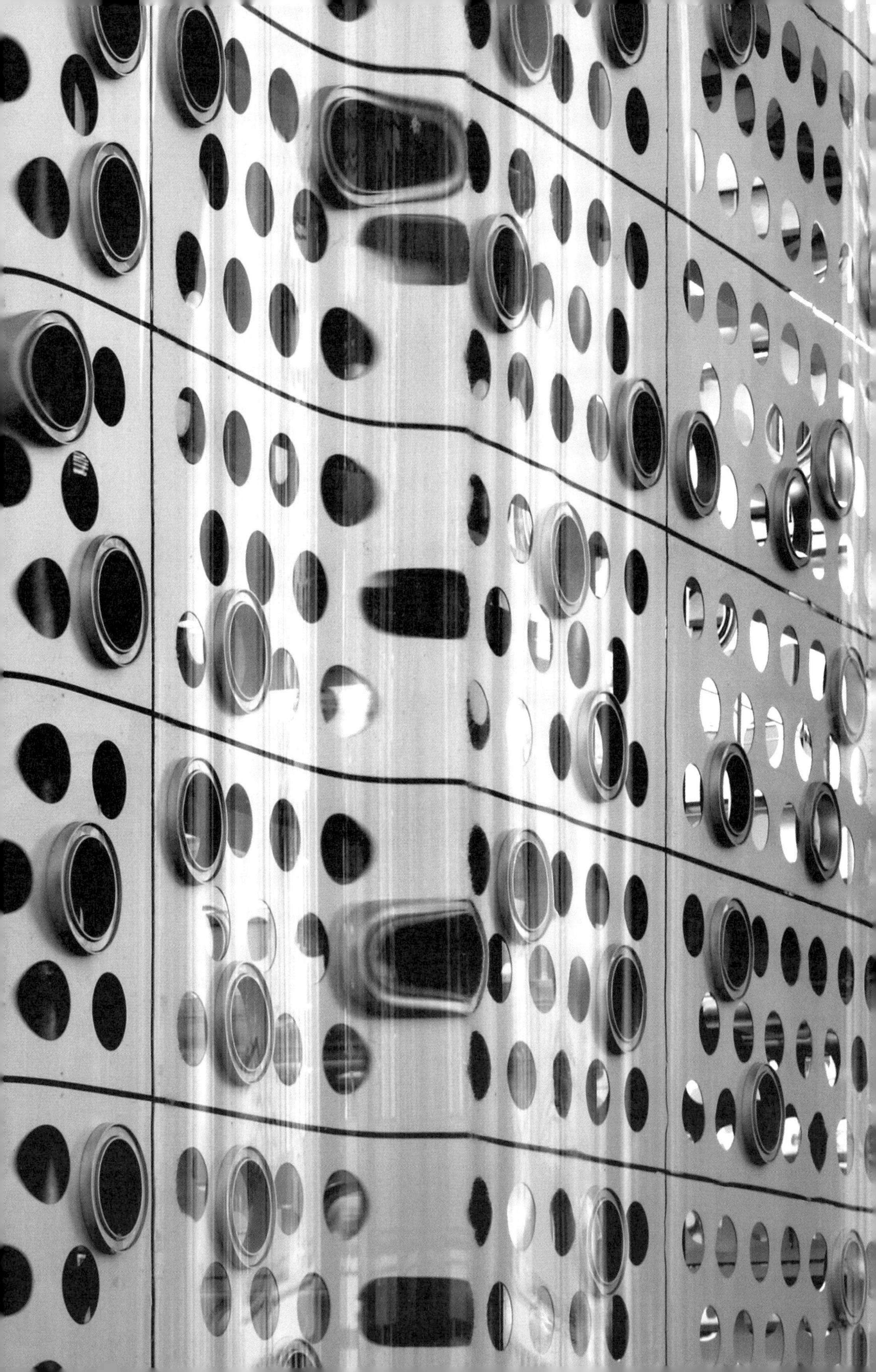

02 第二章
建筑是舞台

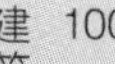

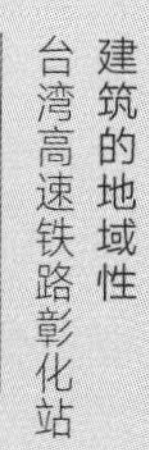

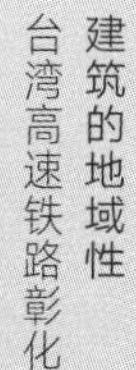

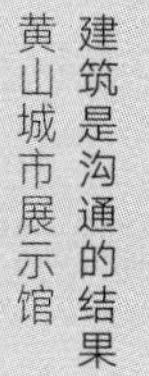

the eslite spectrum

很多人喜欢去诚品，但他们并不知道这是为什么，真正的原因是，你随时觉得被注意，同时又可以注意到很多人。

很多人在那里是假装看书的。我以前在演讲中说过一个概念“make believe”，后来我突然想到一个较好的翻译，就是扮演，或者假装扮演。去了书店，拿本书坐在台阶上，不一定在看书，可是有扮演看书的那种快感。佛教讲的最难懂的一件事情就是没有“自我”。自我都是假自我。这个说法非常难懂，也难以让人接受。但如果用扮演来解释，就比较容易懂了。

人的一生，所有的角色都是在扮演，比如我，是三个小孩的父亲。很多时候，“自己”也是扮演的。

我看过一个真实的故事。有一天，英国有两列火车相撞，死了很多人。可是后来官方调查发现，车祸之后，有几个人不见了，他们并不是死了，因为找不到尸体。可能有些人正好趁这个机会换了一个角色。

我浪漫地希望，人去看戏的时候，因为是去看一个扮演的东西，所以自己要扮演的氛围可以被提升起来。我去看威尼斯双年展的时候，听说威尼斯大概在 17、18 世纪，每个月有一天大家都会化装出去。整个城市的人互相都认不出谁是谁，在那里、在那时可以做任何想要做的事情。我想这倒是非常好的心理治疗。

人的一生，所有角色都是在扮演

建筑空间中，人的重要性

苏州诚品
ESLITE SUZHOU

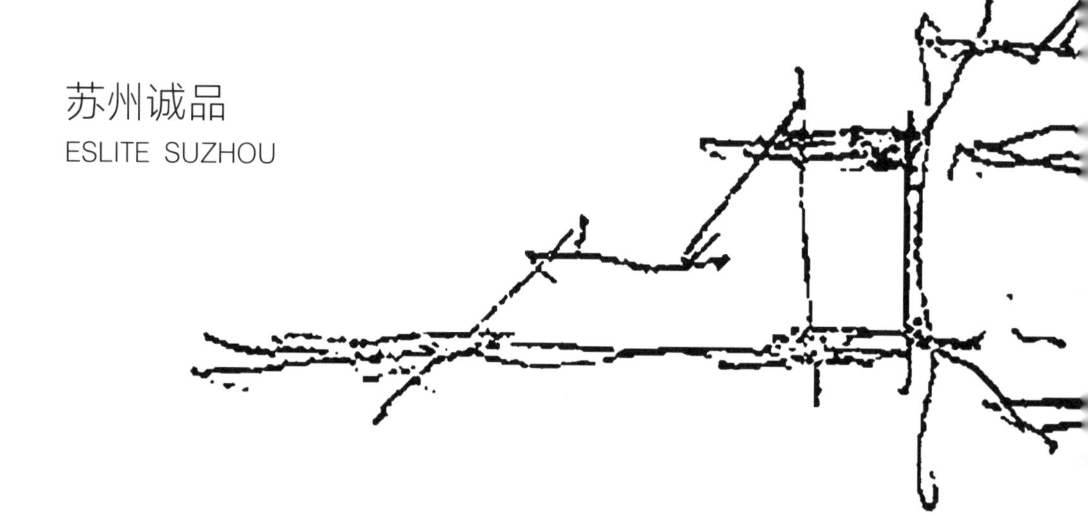

地点在苏州，但我们不一定要用形式语言将所谓的苏州味表达出来，因为那周边并不是像乌镇般浓烈的风格环境。我们反而是要做一种空间，一种气质，或者一种境界，能够将建筑本身跟苏州联系在一起。

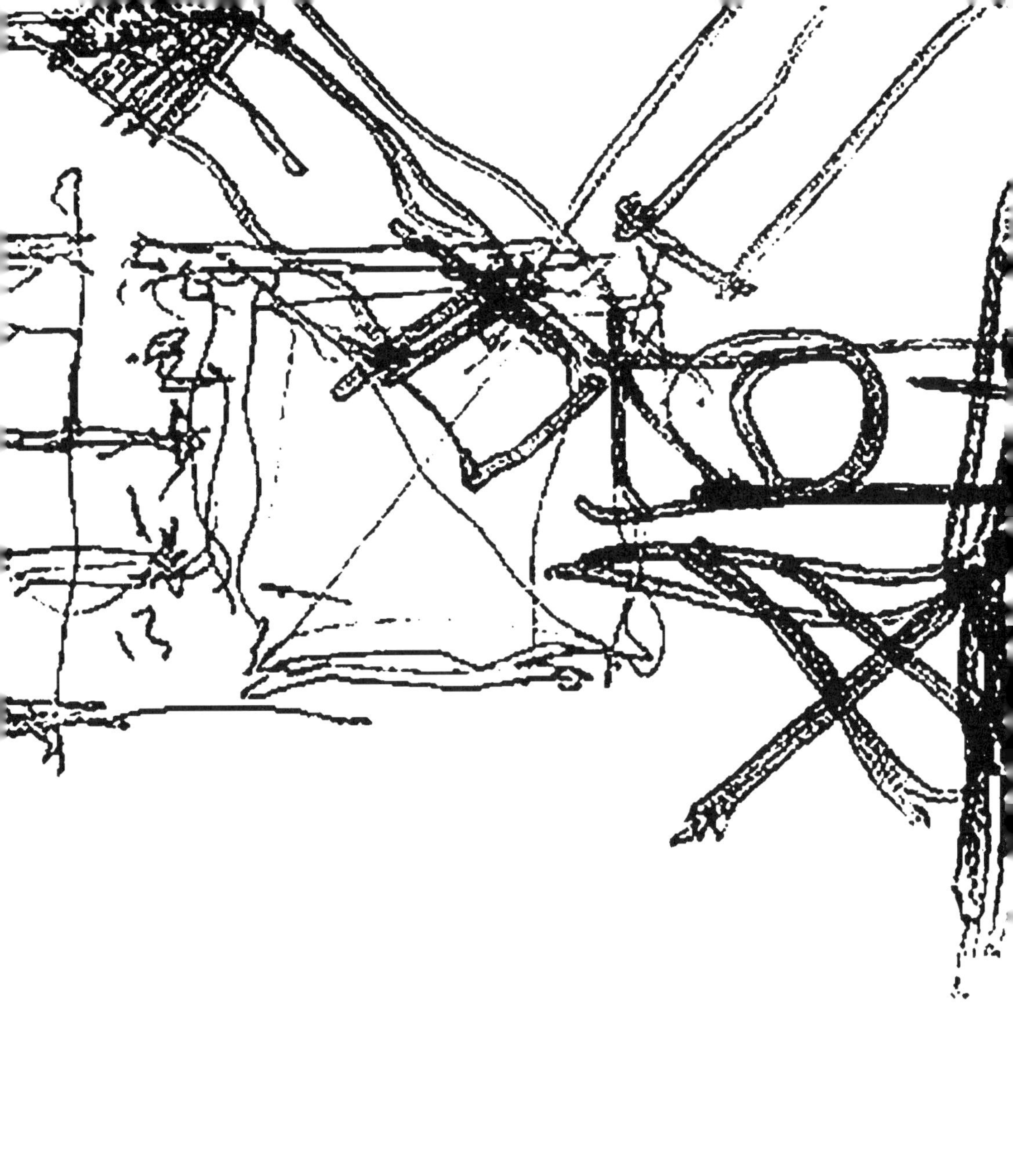

设计的时候，业主说：“不要设计这个大楼梯，没人会走的。”开幕以后大家都走楼梯，一层6米，共三层楼。走在楼梯上面是一种“秀”(showing off yourself)，每个人可以看到自己和别人同时在一个空间中。人既是演员，又是观众。同样是商业空间，可是在这里，人比商品的重要性相对变大了。

建筑实景

就像读短诗——
但又有很深的含义在里面，
解释，这也是一种哲学。
——黑川纪章
中银胶囊塔是黑川纪章设计造型特殊的住宅
办公建筑，被认为是现代建筑史上首座
以胶囊建筑模块兴建的建筑，
由两座相互连结的大楼组成，
共包含140个预铸模块，
每个独立单位被设计为可以独立更换，
是日本建筑代谢运动的代表作品。
尼歌剧院——1973
Sydney Opera House
Jorn Utzon
住吉的长屋——1976
Azuma House
Tadao Ando · 日本
while building the Centre Pompidou.
We always followed our hearts
rather than our heads.
—— Renzo Piano
The city is the locus of the collective memory.
—— Aldo Rossi

建筑实景

众多人都有表演欲，好空间应该让人变成演员，同时也是观众。你在那里展现的同时，你也看着其他人展示。所有人都在大阶梯上走动，由此构成一个非常好的装置艺术。

从楼梯里面可以看到户外，建筑物能够从里面看到外面是很重要的，尤其是大型的封闭式建筑，人在里面可以定位，知道自己与外面的关系。镜头需要垂直上升，也需要水平移动，即“zoom in”“zoom out”。

Love Song
Rainer Maria Rilke
《献诗——给S》海子

这三维世界里，不会有两样建筑出现在同一个坐标上。光这一点就决定了每一栋建筑的独有特殊性和重要性。

建筑实景

案　　址	江苏苏州
建筑物结构	钢筋混凝土框架
材　　料	巴西金麻、低辐射中空玻璃、古铜色铝板及铝挤型材
用　　途	商业综合体、公寓式办公楼、酒店式公寓
楼　　层	地上二十七层，地下二层
合作设计院	上海建筑设计研究院有限公司

设计时间 2009
完工时间 2015

设计说明

苏州诚品坐落于苏州工业园区金鸡湖畔，具有优越的湖景风光、客源特征及市场定位，由两栋一百米高的“诚品居所”塔楼及其配套的商业裙楼组成。建筑配置延续基地外形，裙楼以等腰三角形对称布局，三个商业主入口分设各端。

以书店特色为主题的裙楼商业设施临街、临湖展开。临湖侧以主题餐饮设施为主，层层叠退，形成坐拥自然风景的室外休闲平台；沿街商业裙楼一、二层为精品商店，以挑空三层之T形中庭串联立体主动线，上有采光天窗，明亮宽敞。中庭的横向动线两端为商业主入口，进入后沿室内大楼梯拾阶而上，可至三楼阳光中庭体验人文空间，进而进入诚品主题书店。秉持诚品品牌理念，结合艺术与创意品位，书店层辟有人文报告厅、艺廊及多功能厅，并由垂直动线联络地上商业设施及综合体的B1F地下商业层。商业裙楼沿湖设有下沉广场，增加湖景亲水环境。双塔面向湖景延展，户户有景。

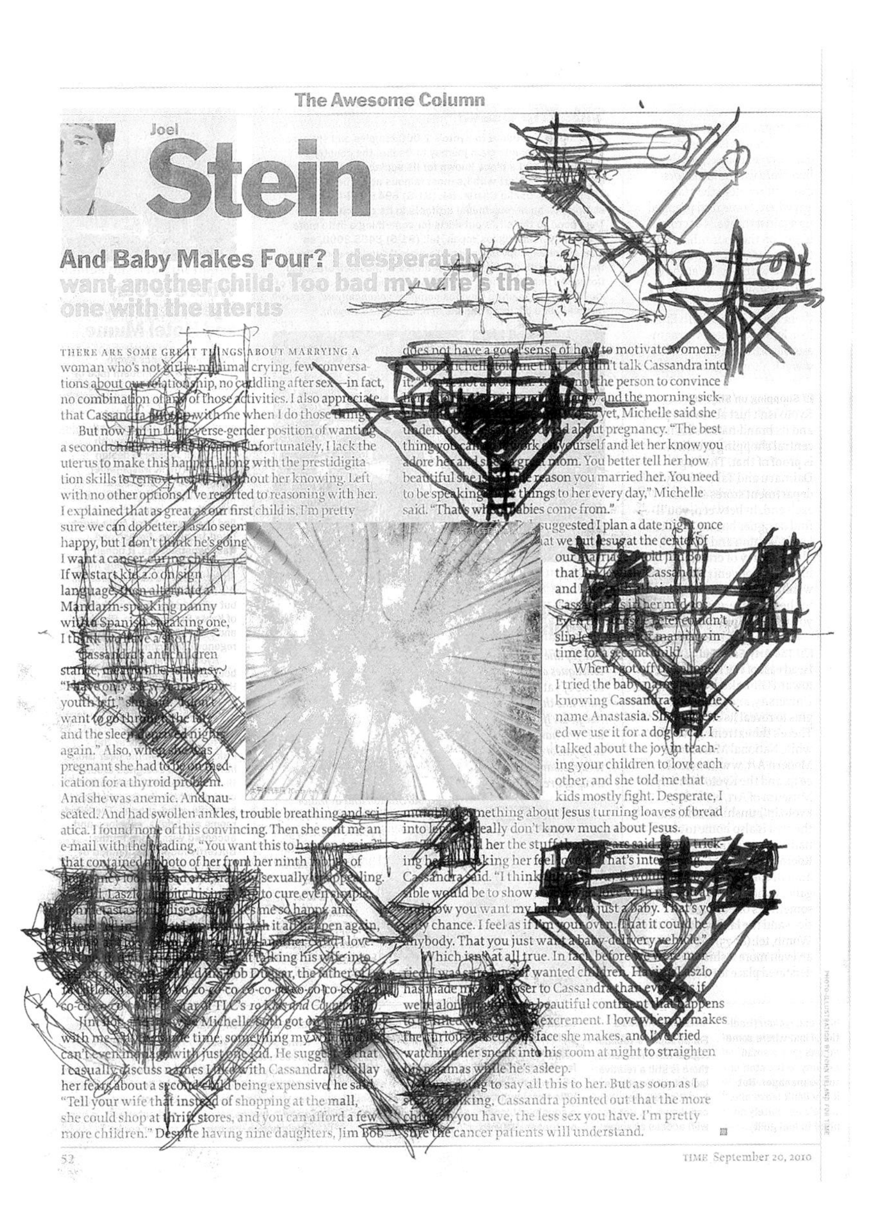

The Awesome Column

Joel

Stein

And Baby Makes Four? I desperately want another child. Too bad my wife's the one with the uterus

THERE ARE SOME GREAT THINGS ABOUT MARRYING A woman who's not [illegible]: minimal crying, few conversations about our relationship, no cuddling after sex—in fact, no combination of any of those activities. I also appreciate that Cassandra [illegible] with me when I do those things.

But now I'm in the reverse-gender position of wanting a second child [illegible]. Unfortunately, I lack the uterus to make this happen, along with the prestidigitation skills to remove [illegible] without her knowing. Left with no other options, I've resorted to reasoning with her. I explained that as great as our first child is, I'm pretty sure we can do better. Laszlo seem[illegible] happy, but I don't think he's going [illegible] I want a cancer-curing child. If we start kid 2.0 on sign language, then alternate a Mandarin-speaking nanny with a Spanish-speaking one, I think we have a shot.

Cassandra's anti-children stance, [illegible]. "I have only a few [illegible] youth left," she said. "I don't want to go through the [illegible] and the sleep-deprived nights again." Also, when she was pregnant she had to be on medication for a thyroid problem. And she was anemic. And nauseated. And had swollen ankles, trouble breathing and sciatica. I found none of this convincing. Then she sent me an e-mail with the heading, "You want this to happen again?" that contained a photo of her from her ninth month of pregnancy [illegible] sexually [illegible]appealing. [illegible] Laszlo, despite his inability to cure even simple [illegible] diseases, makes me so happy and [illegible] watch it all happen again, [illegible] another child I love. [illegible] talking his wife into [illegible] Jim Bob Duggar, the father of [illegible] co-co-co-co-co-co-co-co-co-co-[illegible] star of TLC's *19 Kids and Counting* [illegible].

Jim Bob [illegible] Michelle both got on [illegible] with me [illegible] time, something my wife [illegible] can't even manage with just one kid. He suggested that I casually discuss names I like with Cassandra to allay her fears about a second child being expensive, he said. "Tell your wife that instead of shopping at the mall, she could shop at thrift stores, and you can afford a few more children." Despite having nine daughters, Jim Bob does not have a good sense of how to motivate women.

But Michelle told me that I couldn't talk Cassandra into it. "[illegible] not the person to convince [illegible] and the morning sickness [illegible] yet, Michelle said she understood [illegible] about pregnancy. "The best thing you can [illegible] yourself and let her know you adore her and [illegible] great mom. You better tell her how beautiful she is [illegible] reason you married her. You need to be speaking [illegible] things to her every day," Michelle said. "That's where babies come from."

[illegible] suggested I plan a date night once [illegible] we put Jesus at the center of our marriage. [illegible] Jim Bob that [illegible] Cassandra and [illegible] Cassandra [illegible] in her mid-[illegible] Even [illegible] couldn't slip [illegible] marriage in time for a second child.

When I got off the [illegible] I tried the baby name [illegible] knowing Cassandra [illegible] the name Anastasia. She suggested we use it for a dog or cat. I talked about the joy in teaching your children to love each other, and she told me that kids mostly fight. Desperate, I [illegible] something about Jesus turning loaves of bread into [illegible] really don't know much about Jesus.

[illegible] her the stuff the Duggars said about tricking her [illegible] making her feel [illegible] that's inte[illegible] Cassandra said. "I think [illegible] would be to show [illegible] with [illegible] how you want my [illegible] just a baby. That's your only chance. I feel as if I'm your oven. That it could be anybody. That you just want a baby-delivery vehicle."

Which isn't at all true. In fact, before we were married I was sure I [illegible] wanted children. Having Laszlo has made me [illegible] closer to Cassandra than ever [illegible] if we're alone [illegible] beautiful continent that happens to be [illegible] excrement. I love when he makes the furious [illegible] face she makes, and I've cried watching her sneak into his room at night to straighten his pajamas while he's asleep.

[illegible] going to say all this to her. But as soon as I [illegible] talking, Cassandra pointed out that the more children you have, the less sex you have. I'm pretty sure the cancer patients will understand. ■

52 TIME September 20, 2010

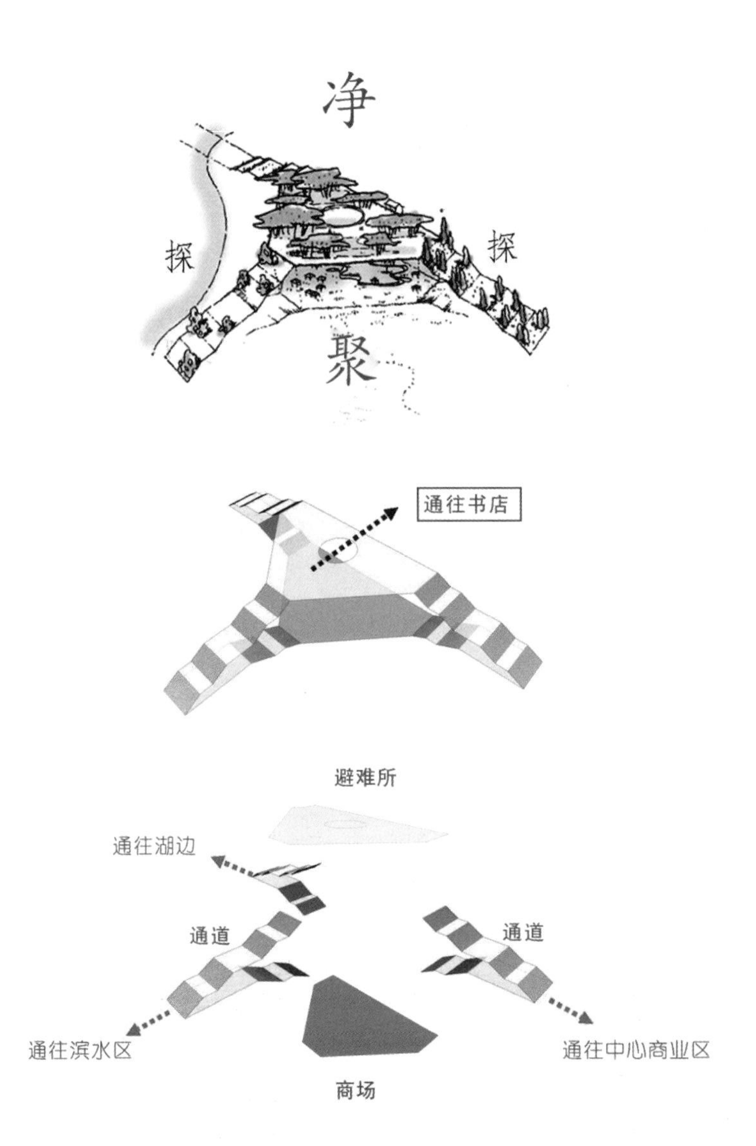
净
探
探
聚
通往书店
避难所
通往湖边
通道
通道
通往滨水区
通往中心商业区
商场

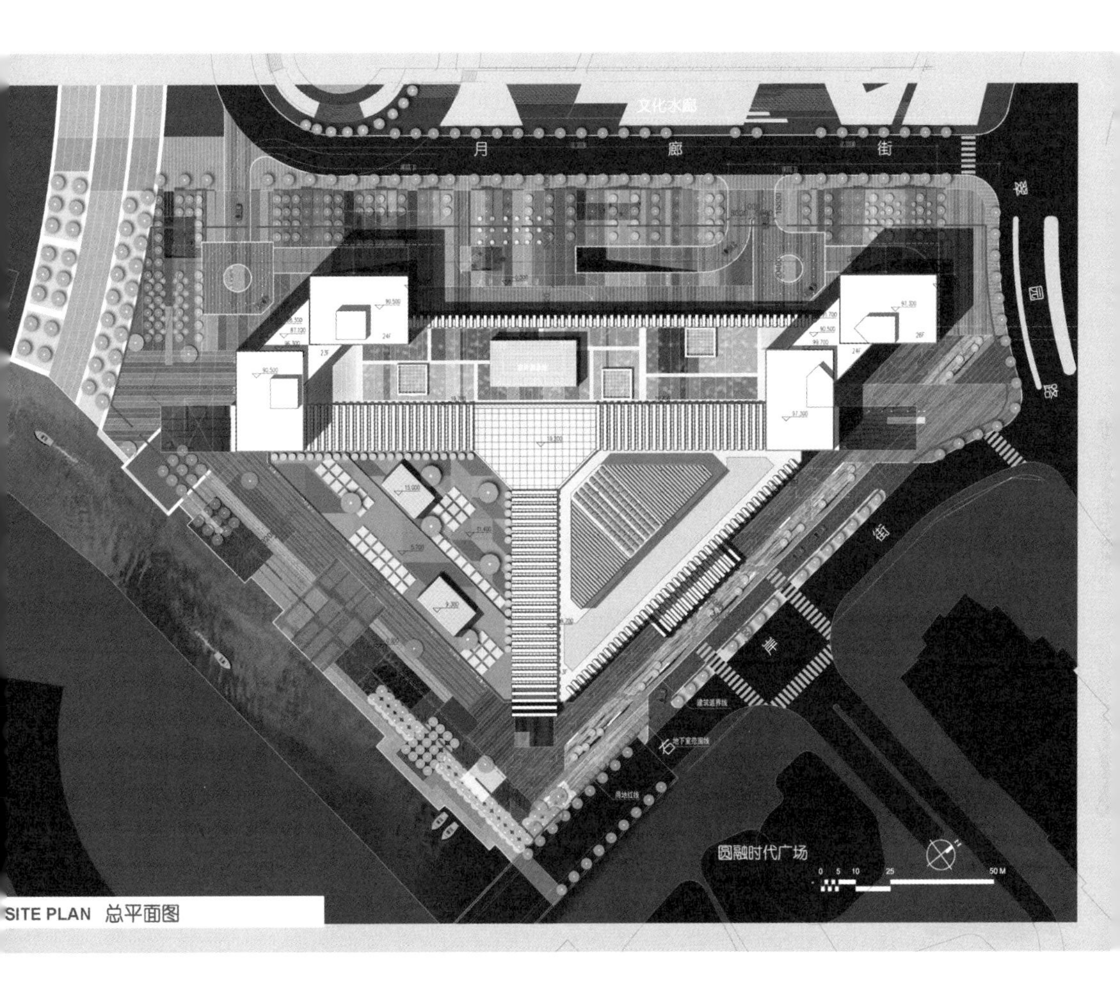

SITE PLAN 总平面图

商业的建筑与裙楼周边环境契合，简洁大方。综合考虑气候环境，商业中庭天窗及沿街立面采用富有韵律的框架设计，宛如整齐摆放的书籍，在表现建筑阴影变化的同时，也具节能遮阳作用。塔楼通透且大面积的外凸窗设计，结合框柱及石材外饰，引入良好的采光。立面汲取苏州园林窗棂特色及诚品 LOGO（标志）形象，大气端庄，并配合大型 LED（发光二极管）屏幕及内敛的灯光照明设计，营造人文、艺术、创意、生活的都市新街区。

建筑的地域性

台湾高速铁路彰化站
TAIWAN HIGH SPEED RAIL CHANGHUA STATION

建筑和其他艺术不一样的地方就是，建筑有它的“locality（位置）”，所以有它的地域性。地域特色如果在全球化趋势中能够很好地呈现，人们会更加珍惜。

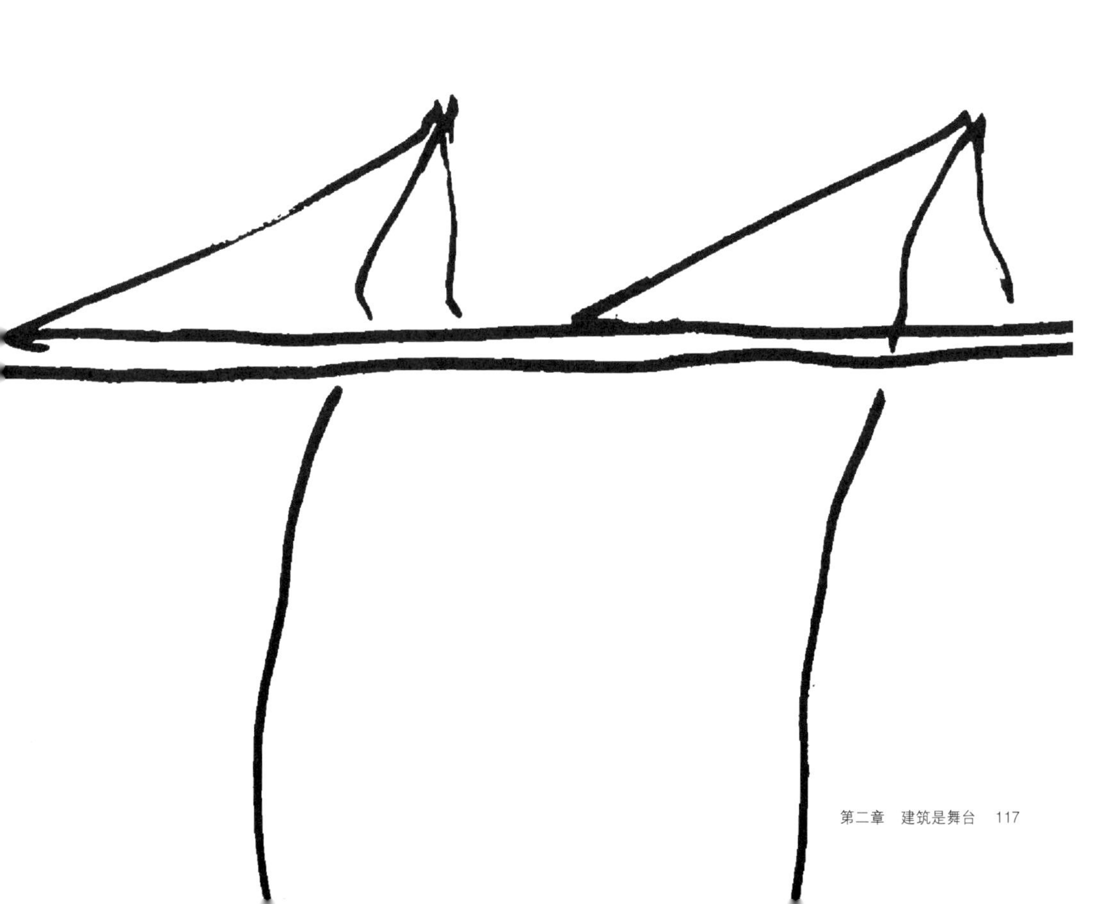

地球上的任何一座建筑只能在地球上的某一点出现，不可能有重复。每一个地点都有它自己的自然特色和人文特色。历史、文化甚至每一座建筑往下去探索，都有极具特色的可能性，我觉得这就是建筑艺术和其他艺术不一样的地方。建筑是根植于一个地点成长出来、呈现出来的结果。这次我做了一个美术馆，下次我在另一个地方建另一个美术馆，它们都不会一样。场景、背景的地域性造就了它们的特异性。

台湾虽然每个站都很小，但是它们都想讲自己在地的故事。

建筑实景

建筑实景

在车站的设计上，我们想要抓住或传达的是旅人的一种心情。车站里，大家都是匆匆忙忙赶时间，可是在设计感好的车站，它变成一个稍纵即逝的舞台，所有人都和你一样，会开始关注月台上发生的事情。

做建筑的目的是做一个空间让人在里面活动。

我们旅行的时候看到很多房子都是好几百年前盖的，现在质量依旧很好，因为人有关怀，并将关怀放进城市和建筑里去。如果一个粗劣的建筑被建造在一个城市，且存在很久，这是一场悲剧。

建筑实景

建筑实景

案　　址 | 台湾彰化
建筑物结构 | 钢筋混凝土、钢结构
材　　料 | 低辐射玻璃、铝板、清水混凝土
用　　途 | 高速铁路车站
楼　　层 | 地上三层

设计时间 2007
完工时间 2015

设计说明

彰化田中镇因位于水田中央而得名，为“彰化八景”之一，古人曾咏颂：“云去云来风片片，鸟飞鸟落水田田。”每当丰收时节，田中镇四处金黄稻浪滚滚，一派富庶景象。近年随着花卉的争艳，彰化成为花海的故乡，与就近的花卉博览会竞相呼应。因此作为城镇一个新时代的里程碑与门户，彰化站将以这些在地的精神与特色来传达地方性的丰饶，向外峥嵘展耀。

车站的设计与景观整体规划设计，片片花卉、植栽、水景、铺面所编织构成的锦绣大地，从人的尺度飞跃拉向鸟瞰的高度；整体意象由外而内延伸到站体建筑，大面的玻璃外观让视线保持穿透，并设置环状的温室暖房，将户外景观远至田中的自然都延续到这座彰化未来的门户，让不管是过客还是游子，都能持续感受大地之母的丰饶与绿意。以轻盈的结构美学，以花朵的姿态呈现，确保结构安全的同时，更让建筑以优雅的姿态伫立；弧形柱体除了支撑如田埂般韵律的屋顶，也让自然的微风与光线能流淌在站体空间里，远望尽是落霞低衬水云乡，将独特的在地特色、文化和情怀融合展现于这座日常的公共空间。

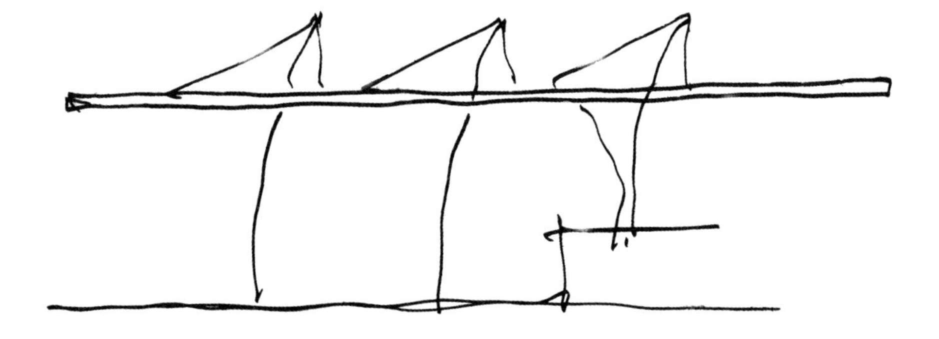

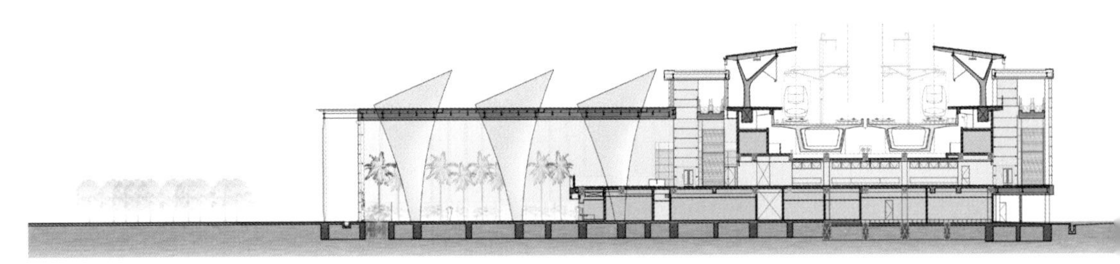
南北向剖面图

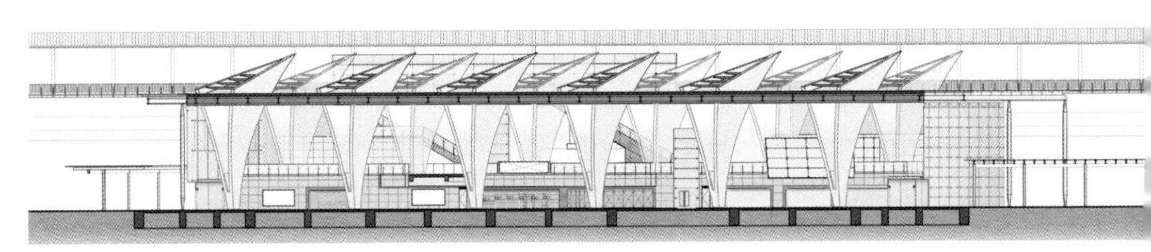
东西向剖面图

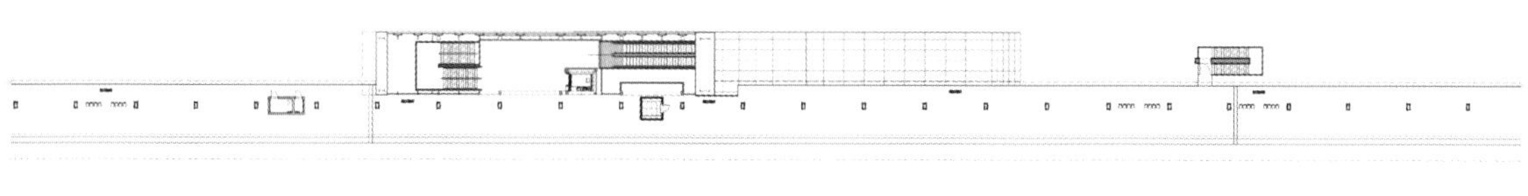

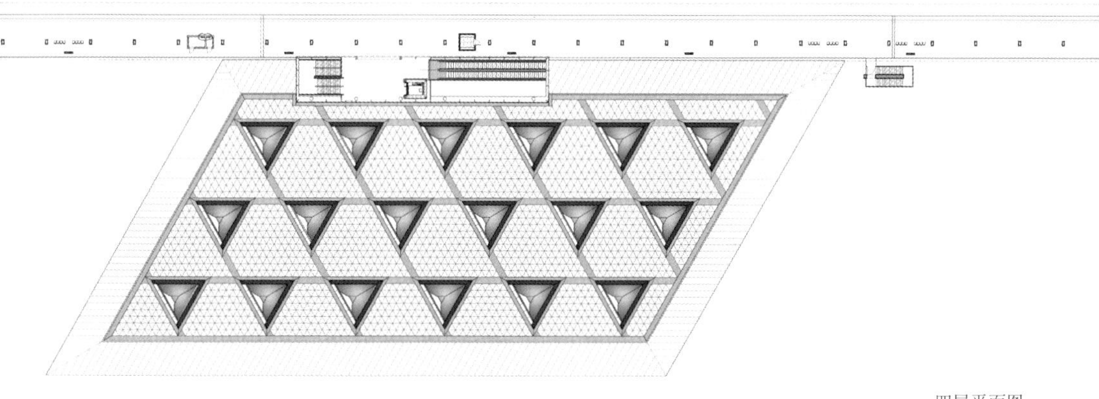

四层平面图

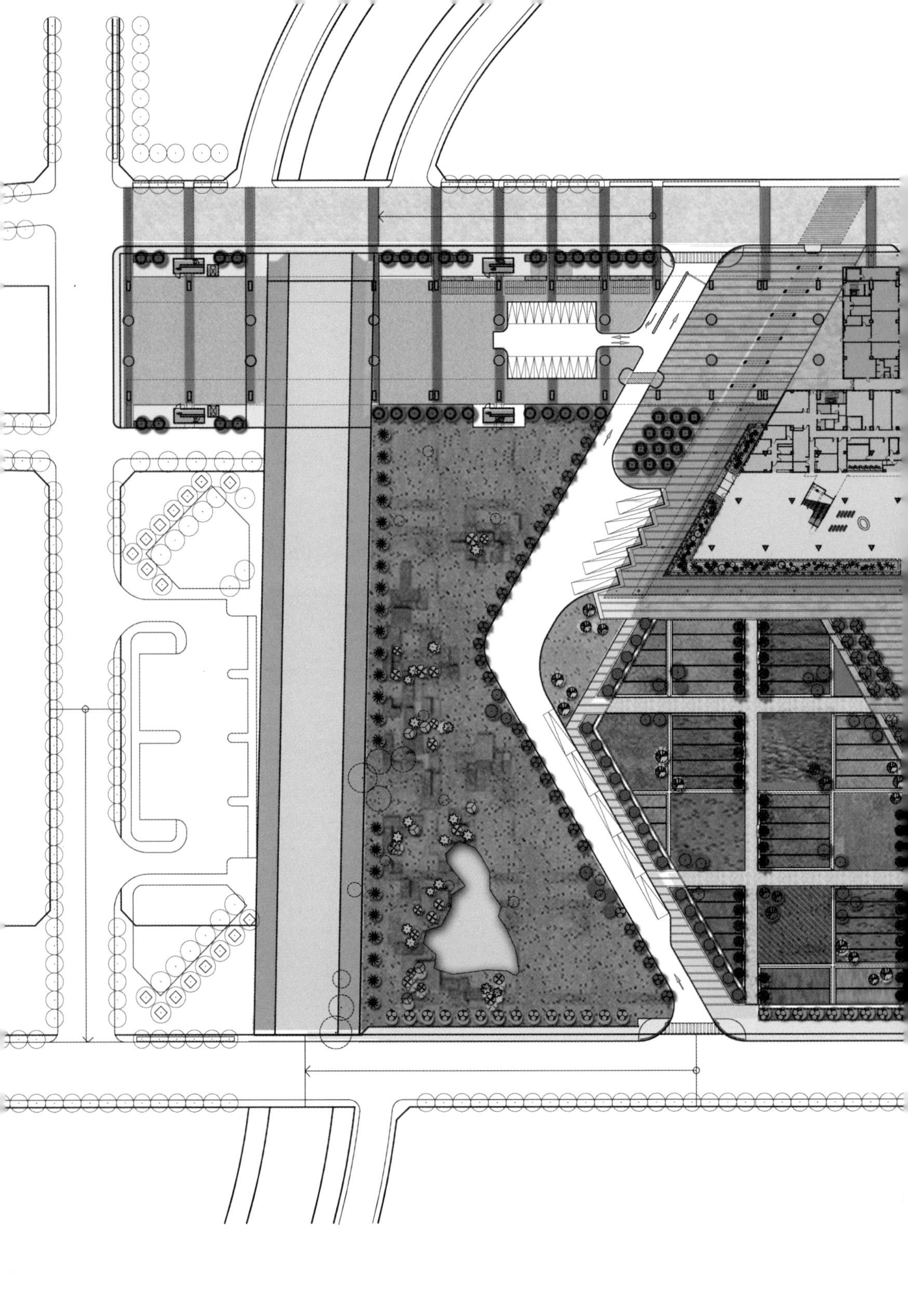

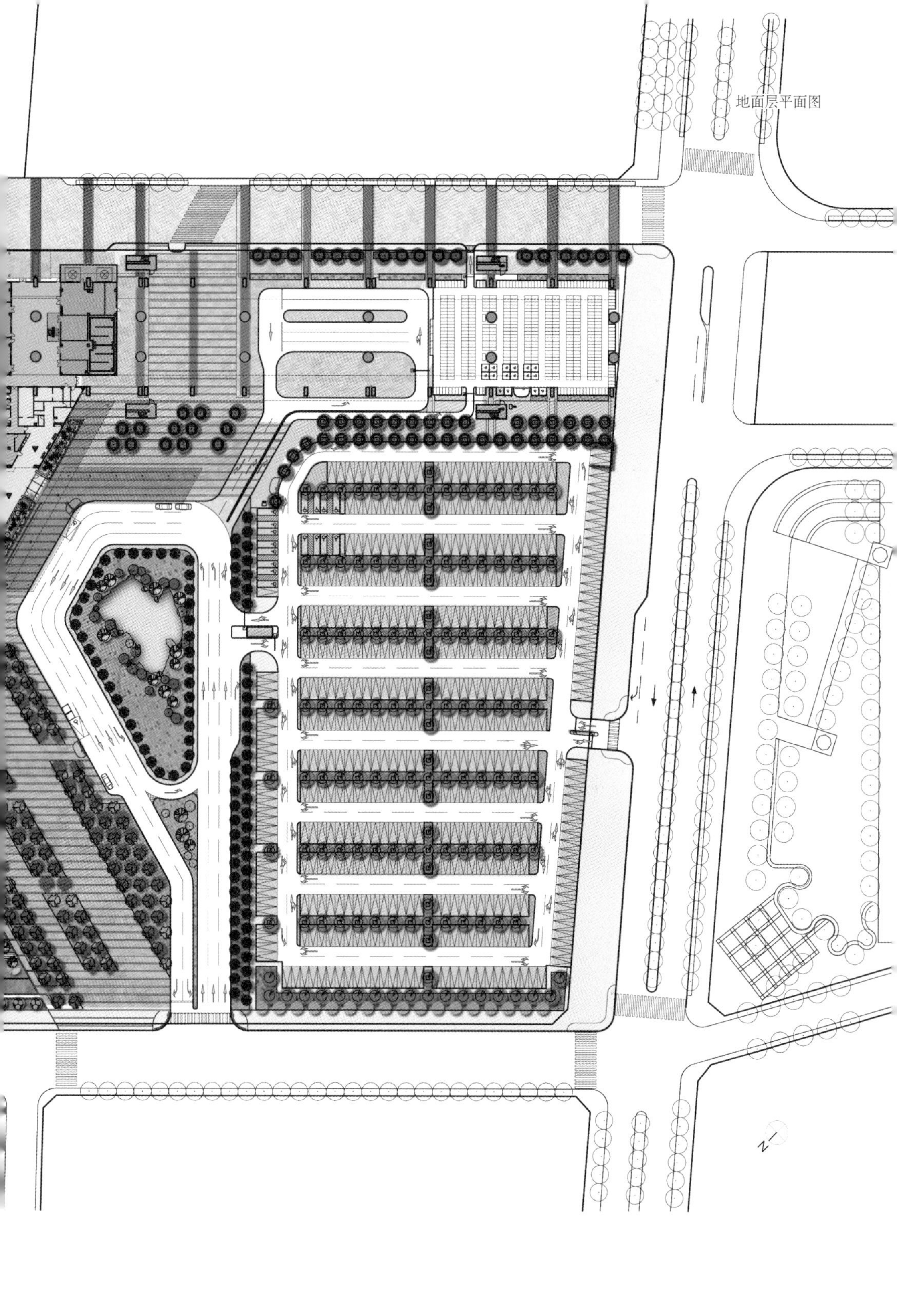
地面层平面图

建筑师要亲近地域文化

新北市立美术馆
NEW TAIPEI MUSEUM OF ART

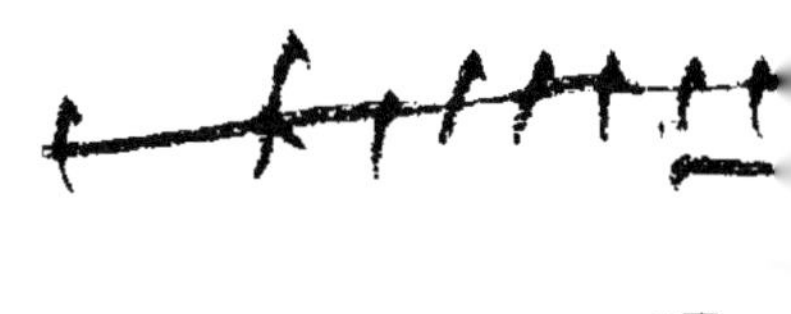

这十年我接触比较多的是博物馆、剧院这类文化设施，所以需要依赖一种文化背景，这个背景当然就是中国文化。我一直觉得建筑师要有一种亲近地域的状态，建筑不像 iPhone（苹果手机），它有它的在地性、地域性。我大部分案子都在台湾和大陆，自然也就跟中国文化脱不开关系。

在做一个建筑时，把那个地方的地点感发挥出来、延续下去，让它更好，而不要将它破坏。不要把一个原本好的地方弄得乱七八糟，把它的脉络断掉。就像乌镇大剧院、兰阳博物馆，都是非常独特的场所。在那里做建筑就要非常小心谨慎，把过去可以发挥的东西发挥出来，把未来可以延续的东西延续下去。这是我认为自己需要有的“使命感”。

模型（剖面）

建筑效果图

新北市立美术馆边上有个干河床，还有芦苇，于是我们就设计出一栋朦胧的建筑，混杂在这些芦苇之间。整座美术馆是撑在上面的，下面是立柱，建筑整体是不定型的，因为它是由一大排铝管来装饰的。一根根金属管在那里互相反射。反射出来的效果，就有些像傻瓜相机拍密集物体没法准确对焦形成的那种朦胧感，这也正是我希望的效果。

案　　址	台湾新北
建筑物结构	钢骨钢筋混凝土
材　　料	铝管、玻璃帷幕墙、深色玻璃、铝板
用　　途	美术馆
楼　　层	地上五层，地下二层

设计时间	2015
预计完工时间	2019

设计说明

新北市立美术馆坐落于莺歌与三峡两座老镇之间，北侧面对龟仑山，南侧面向大汉溪与雪山山脉。在深具历史、人文、地景特色的雄浑山河之间，设计创造出一座“芦苇丛中的现代美术馆”。除了融合在地景貌与文化意象，并以现代而前瞻的造型，形塑出符合永续理念的新建筑。

新北市立美术馆导入开放式美术馆的概念，底层类似剥裂河床的造型，是艺术街坊及户外雕塑空间，顺着基地的坡势，市民可以在类似莺歌或三峡老街的空间尺度中流连，或观赏开放的雕塑作品。主体建筑以大跨距结构浮于上方，提供了最具弹性的展览空间，观众在美术馆中参观，还可以一览壮阔的山河景色。

美术馆的外观更具特色，由一系列高低不一的垂直管状结构所构成。将遍地芦苇随风吹摆的朦胧美感，化为建筑物的立面设计概念，透过垂直性的线条设计，展现接连不断的视觉幻影，含纳原野变幻莫测的景观，吐露建筑量体于苍茫中瞬息万变的存在。

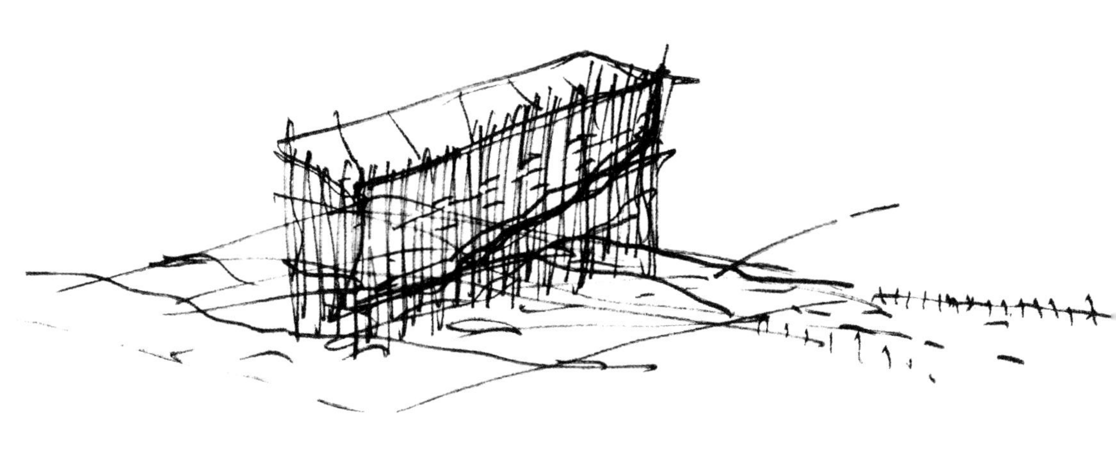

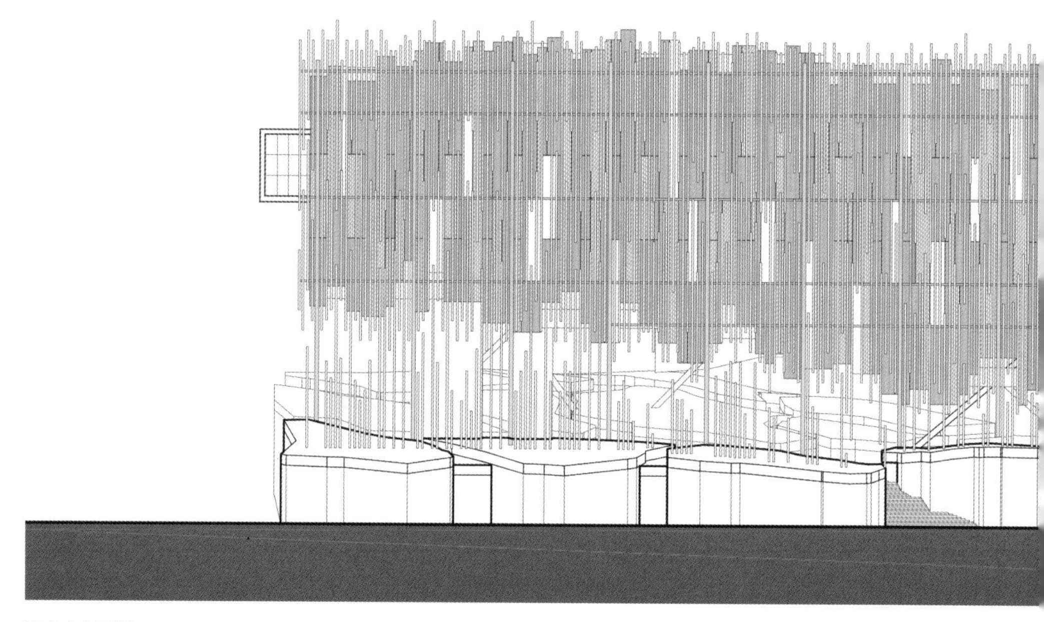

西北向立面图

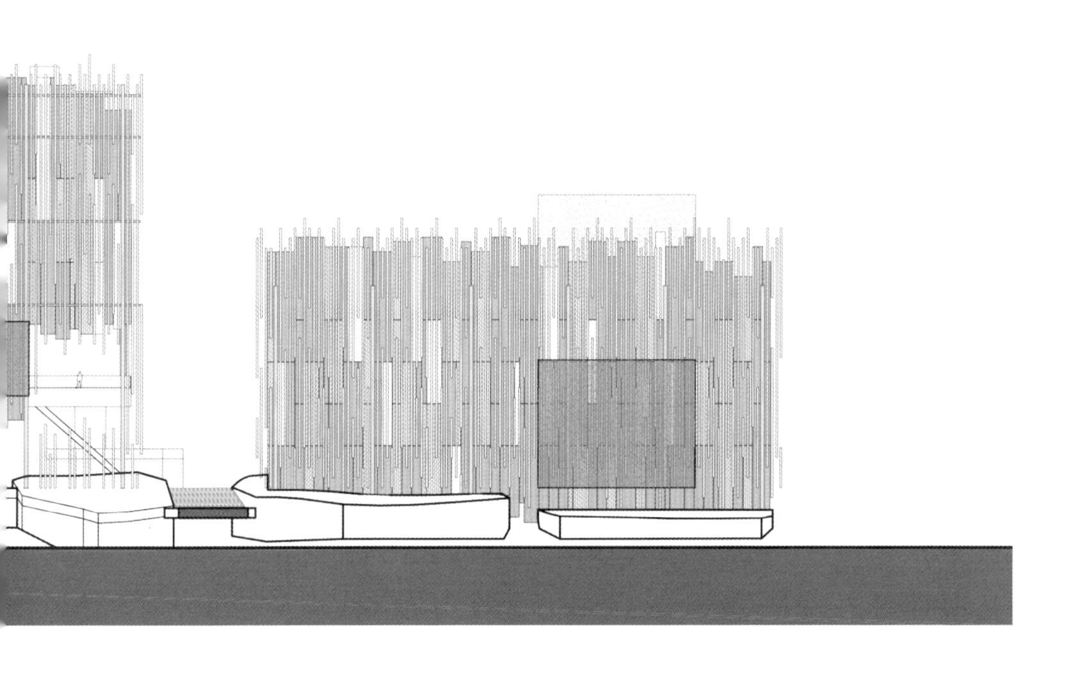

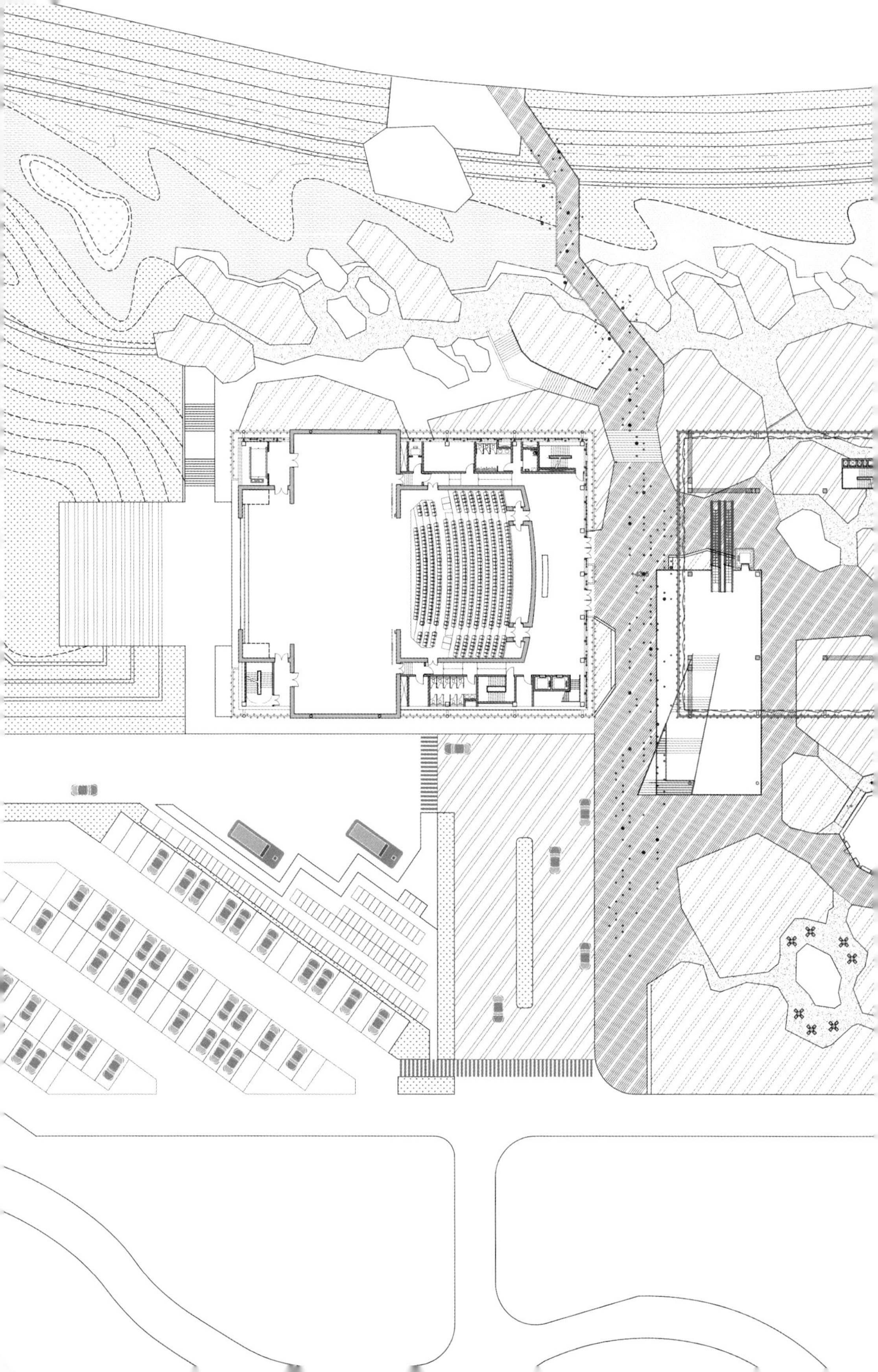

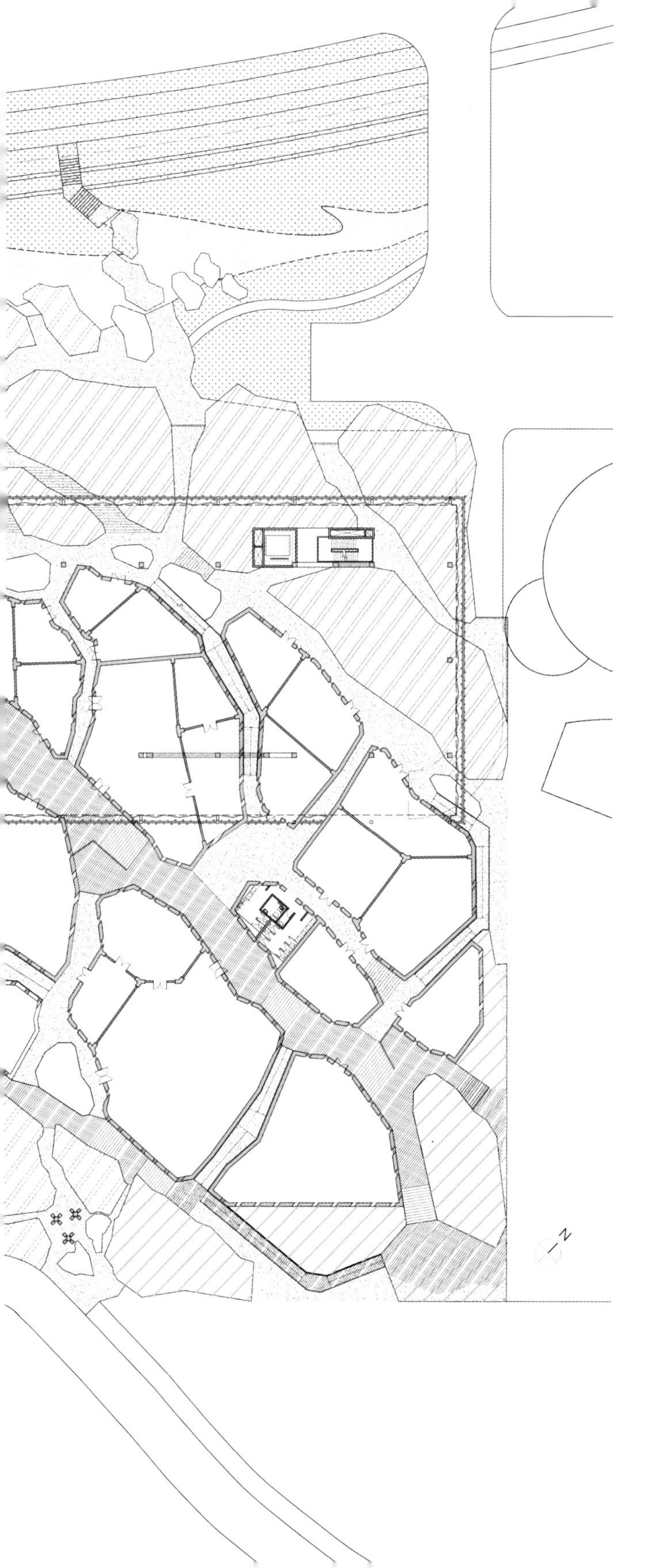

地面层平面图

模型（西北侧角度）

模型（东南侧角度）

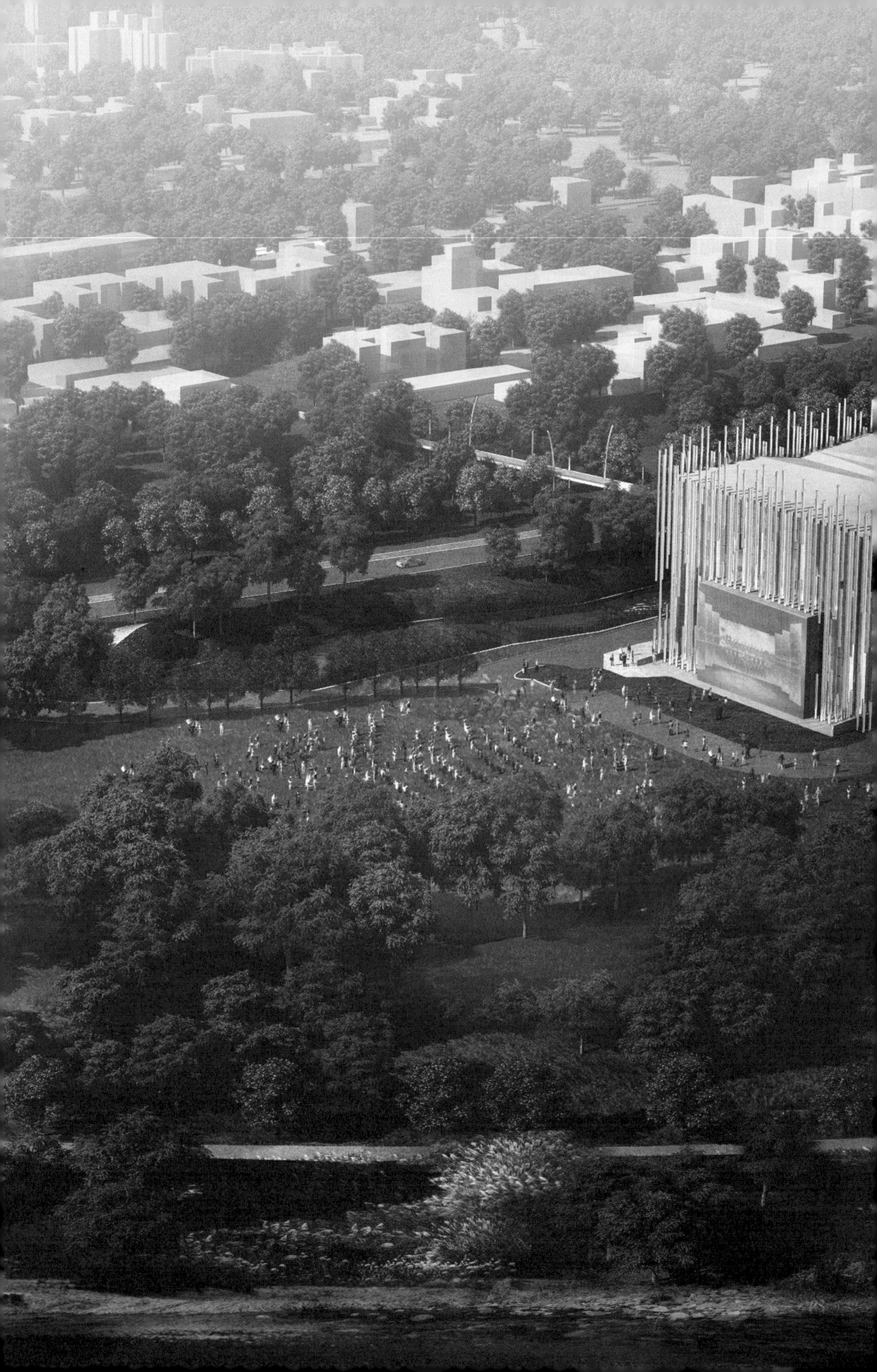

建筑是沟通的结果

黄山城市展示馆
HUANGSHAN CITY EXHIBITION CENTER

建筑师要有耐心去了解业主话语背后的意思。事实上，当了解了人们话语背后真正的意思时，你会发现大家关心的事情其实都差不多，人跟人产生冲突，百分之九十是因为语言上的误会。每一个建筑项目都几乎像是业主与建筑师的婚姻一般，所以观念上不能有太大的冲突，如果完全背道而驰，那就算了。

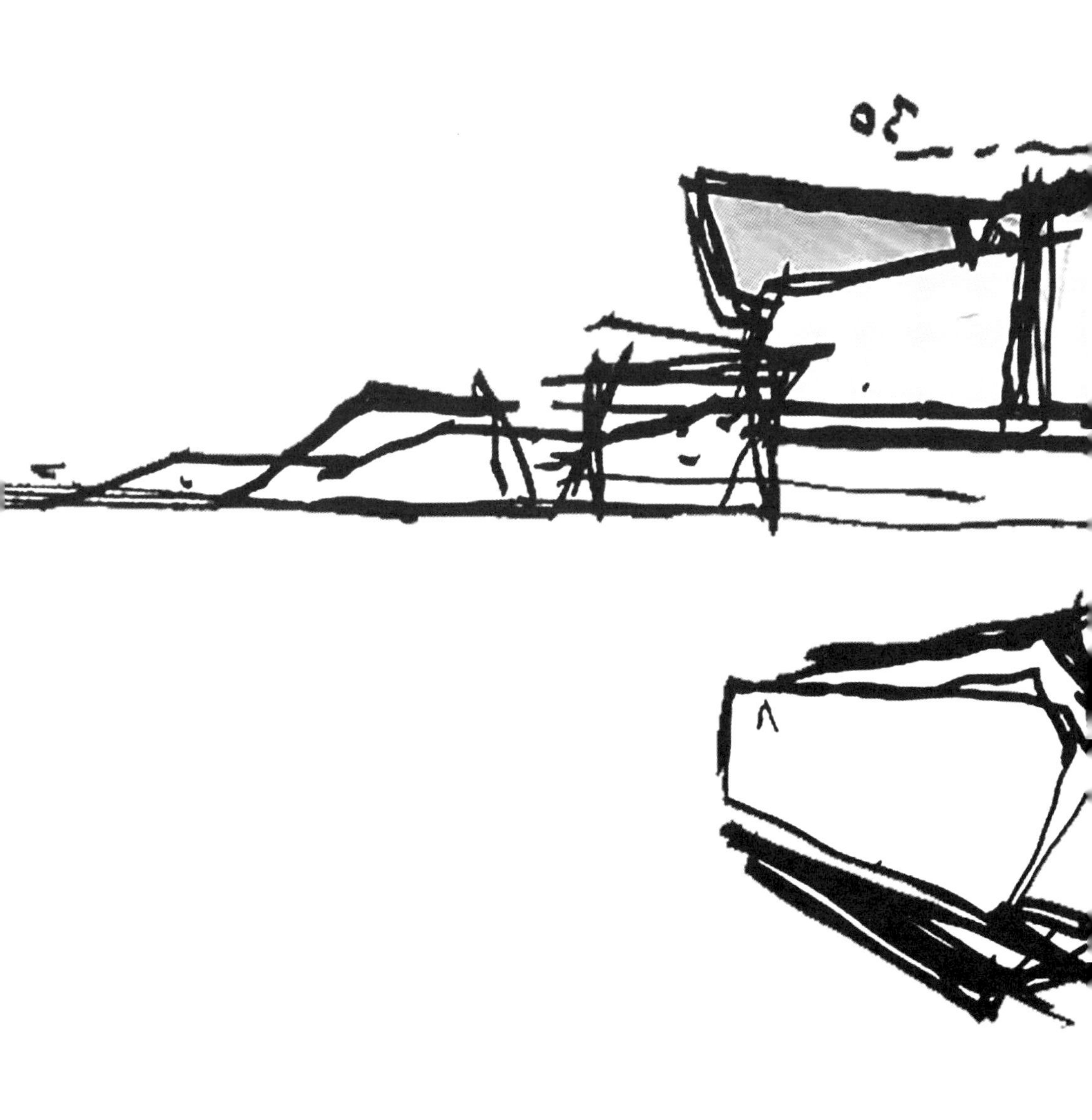

不要以为建筑是自己创造出来的。我一直不觉得我们可以像魔术师一样变一个东西出来。建筑是一个沟通的结果，而且这个沟通出来的结果最理想的是既不是业主本来想到的，也不是建筑师本来想到的。探索的过程是双方都没想到的，因为所有的“因缘和合”里，自己的态度也要有弹性。

在建筑中，我们只是参与而已，我们并没有发明。

建筑实景

建筑实景

案　　址	安徽黄山
建筑物结构	钢桁架屋顶、钢筋混凝土主体
材　　料	石材、混凝土、玻璃、钢结构
用　　途	展示馆
楼　　层	地上三层，地下一层
合作设计院	上海现代建筑设计（集团）有限公司现代都市建筑设计院

设计时间 2011

完工时间 2017

设计说明

本展示馆为黄山市的迎宾处。“黄山四千仞”自此开始。展示馆坐落于一高地，与邻近的商业街坊共同面向一个城市广场。巨大的石块台阶引领参观者拾级而上，两侧有大小水瀑在其间穿流。建筑物外墙由一系列的巨大墙体片断所构成，外挂手工凿切的厚实黄色花岗岩。建筑物内部延续石墙主题，采集天光的中庭位于建筑物中心，联系所有大大小小的展厅。

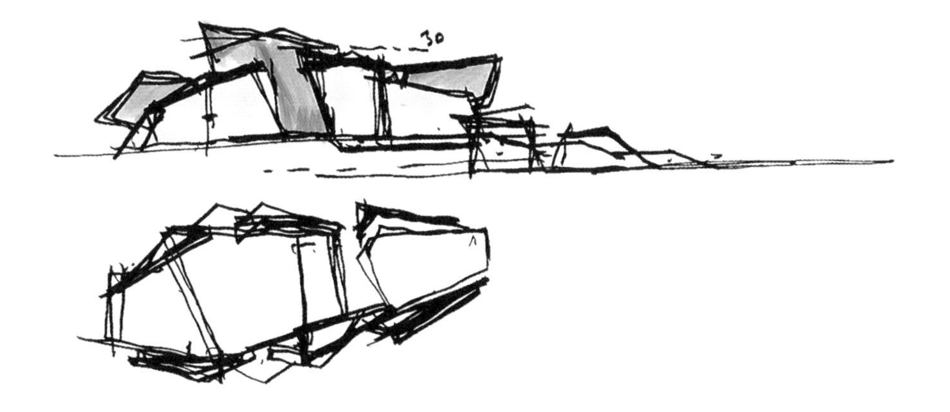
30

一层平面图

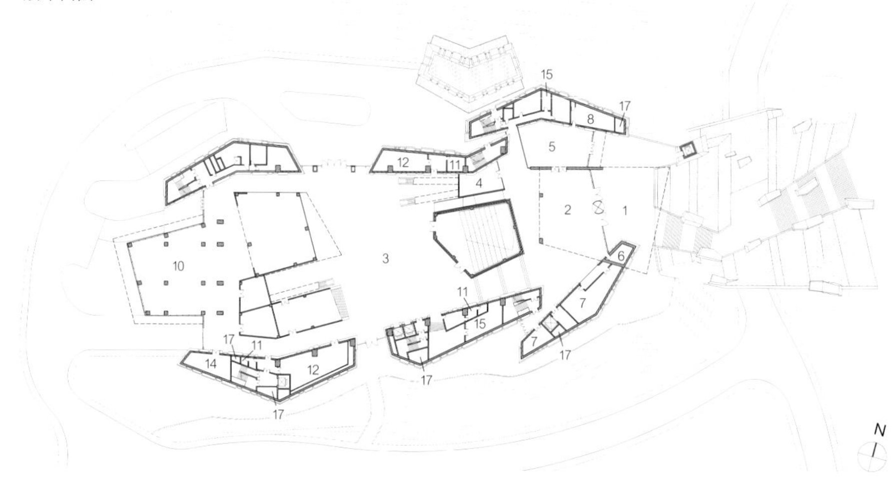

二层平面图

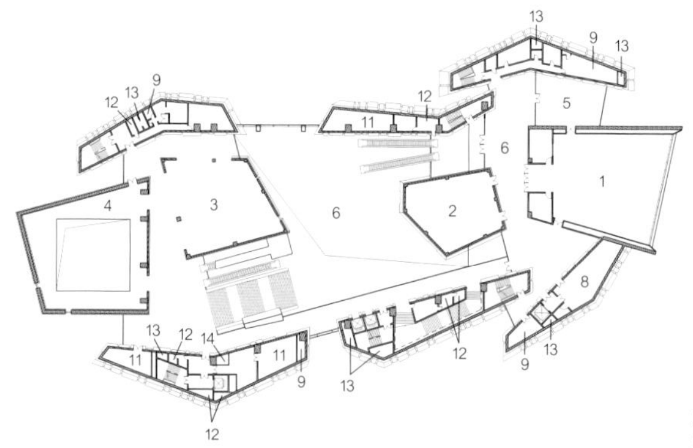

1　主出入口
2　入口大厅
3　中央大厅
4　纪念品商店
5　咖啡厅
6　值班室
7　办公室
8　用餐室
9　4D 影院
10　展厅
11　强电间、弱电间
12　空调机房
13　弱电机房
14　消防控制中心
15　储藏室
16　库房
17　管井

建筑的复杂性

台湾中钢集团总部

TAIWAN CHINA STEEL CORPORATION HEADQUARTERS

建筑作为一种艺术形式，它的复杂性很高，比绘画、雕塑等都要复杂。我常常说建筑和电影大概是最复杂的两种艺术形式，而建筑相对可能更复杂一些，因为建筑有重量，电影后期还可以依靠剪接、配音等技术进行修改，而建筑不行。建筑就是蛮难折腾的一个东西，因为它的复杂性太高，变化太多，吸引人的层次也特别多。谈到建筑，你也会谈到色彩、质感、空间、光影、雕塑的造型，甚至超越这一切形式之外的哲学和理念。

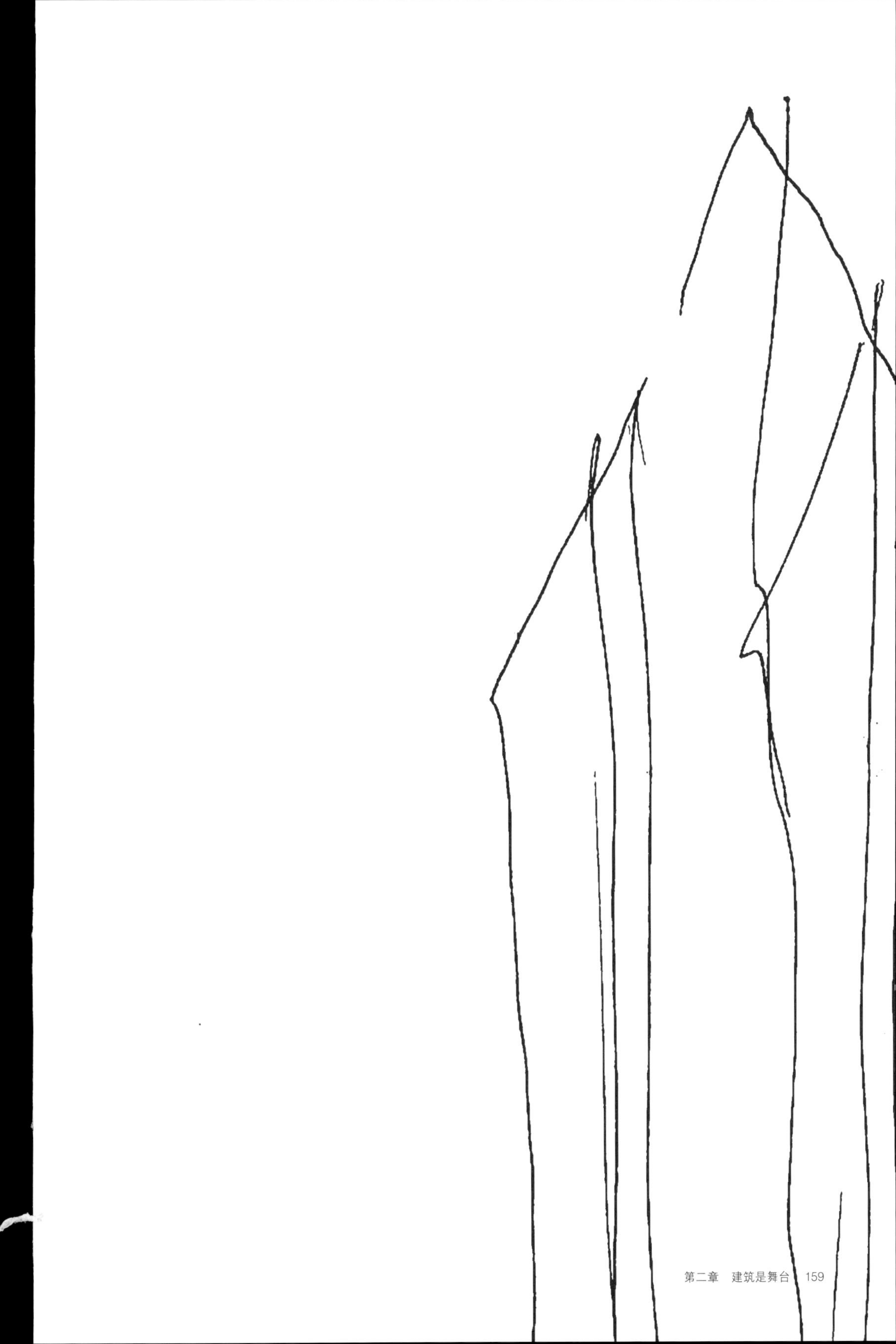

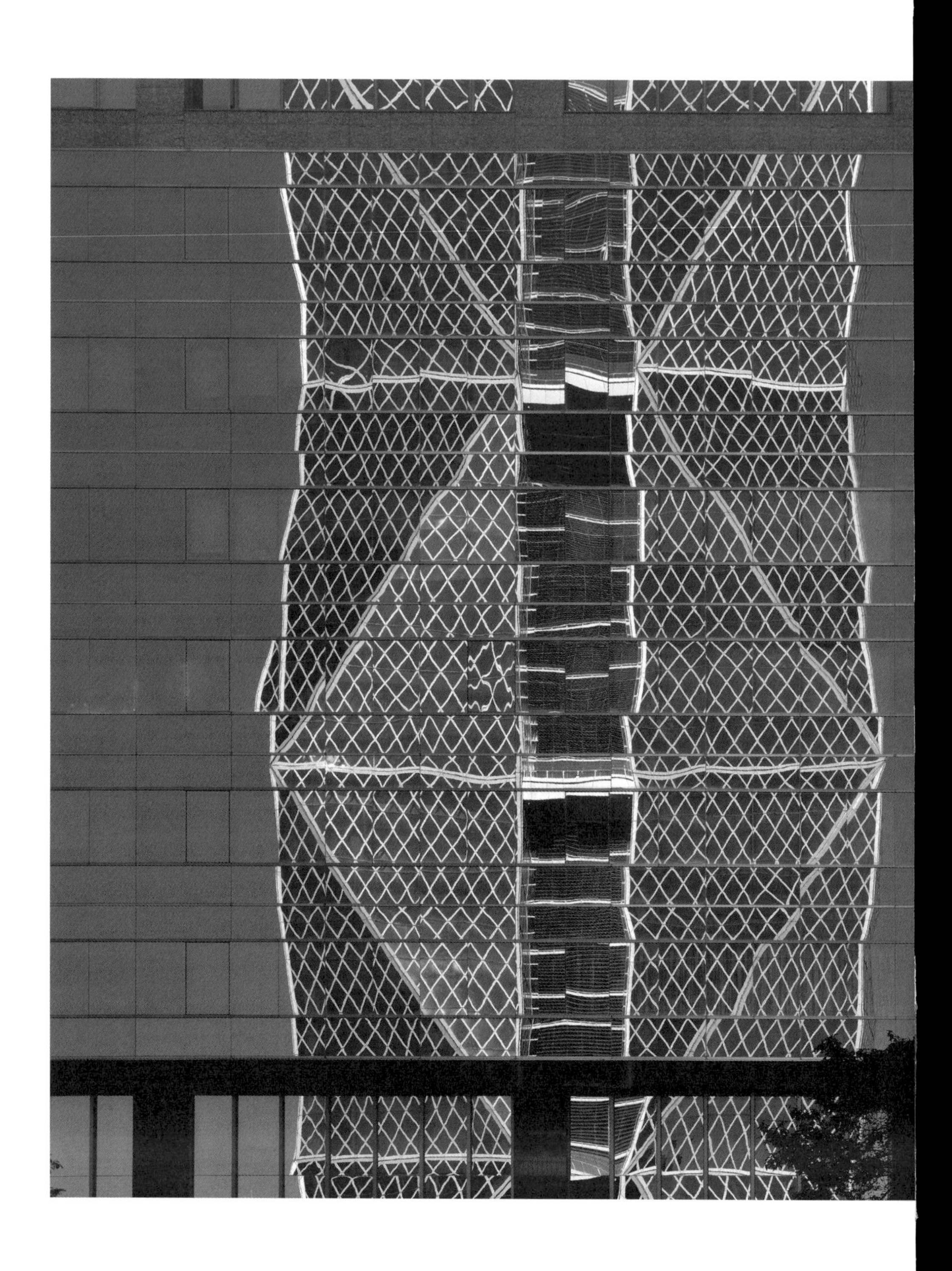

爱看电影的我，未来的梦想是拍一部电影，我已经写好了很多部剧本，而我也被自己的制片人朋友笑称为一位“未出柜的电影人”。

建筑实景

我想象有一天，这部电影用自己设计的建筑做背景，从刚建造的工地开始，讲述这里面发生的一些故事，直至工程最终完成。而我自己可以一边去监督工程，一边再去看电影。

建筑实景

安全第一 品質至上
安定 創新 進步

案　　址	台湾高雄
建筑物结构	钢骨结构
材　　料	双层玻璃帷幕墙、低辐射复层玻璃、不锈钢、铝板、花岗岩
用　　途	办公大楼
楼　　层	地上二十九层，地下四层

设计时间 2004
完工时间 2012

设计说明

台湾的高雄港致力于从工业城转型为多功能经贸园区，而中钢集团总部大楼所在的临港地区，正是近年高雄市最大型的都市开发计划催生地，内容包括运输、物流、经贸与文化、休闲及公共机构等。总部大楼这栋建筑物作为此新兴区域中不可或缺的重要元素，也已成为高雄港的新门户地标。

整栋建筑由四个方形量体中间夹着作为轴心的服务核构成，方形量体以8层楼为一单位扭转12.5度，因而形成生动的几何形体。外观上，大型结构斜撑每次跨越8层楼，并且在相连接处形成大阳台。钻石形状的双层帷幕墙提供了最佳自然光线及良好通风，在亚热带的都会气候里，具有阻热、节能、降低交通噪声等优点。在地平面上创造出圆形水池，方形塔楼便矗立于水池中央；其余部分则种植许多花草树木予以美化，为行人建构出绿意盎然的舒适环境。

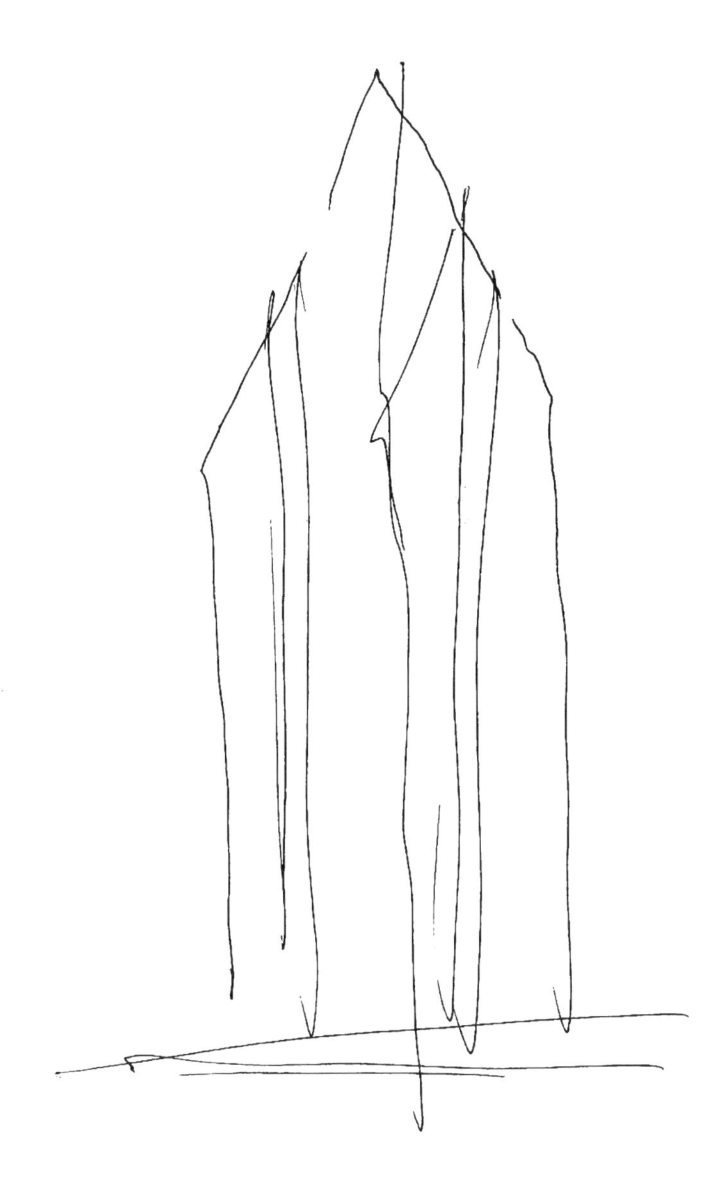

东西向剖面图

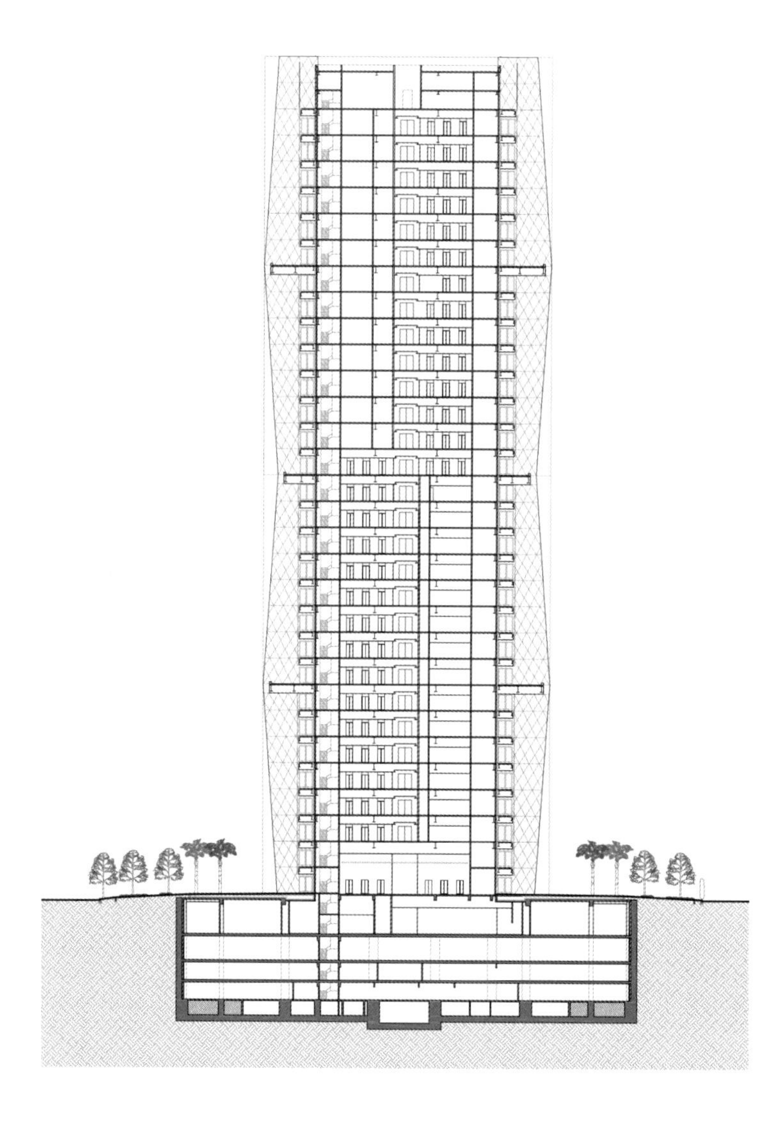

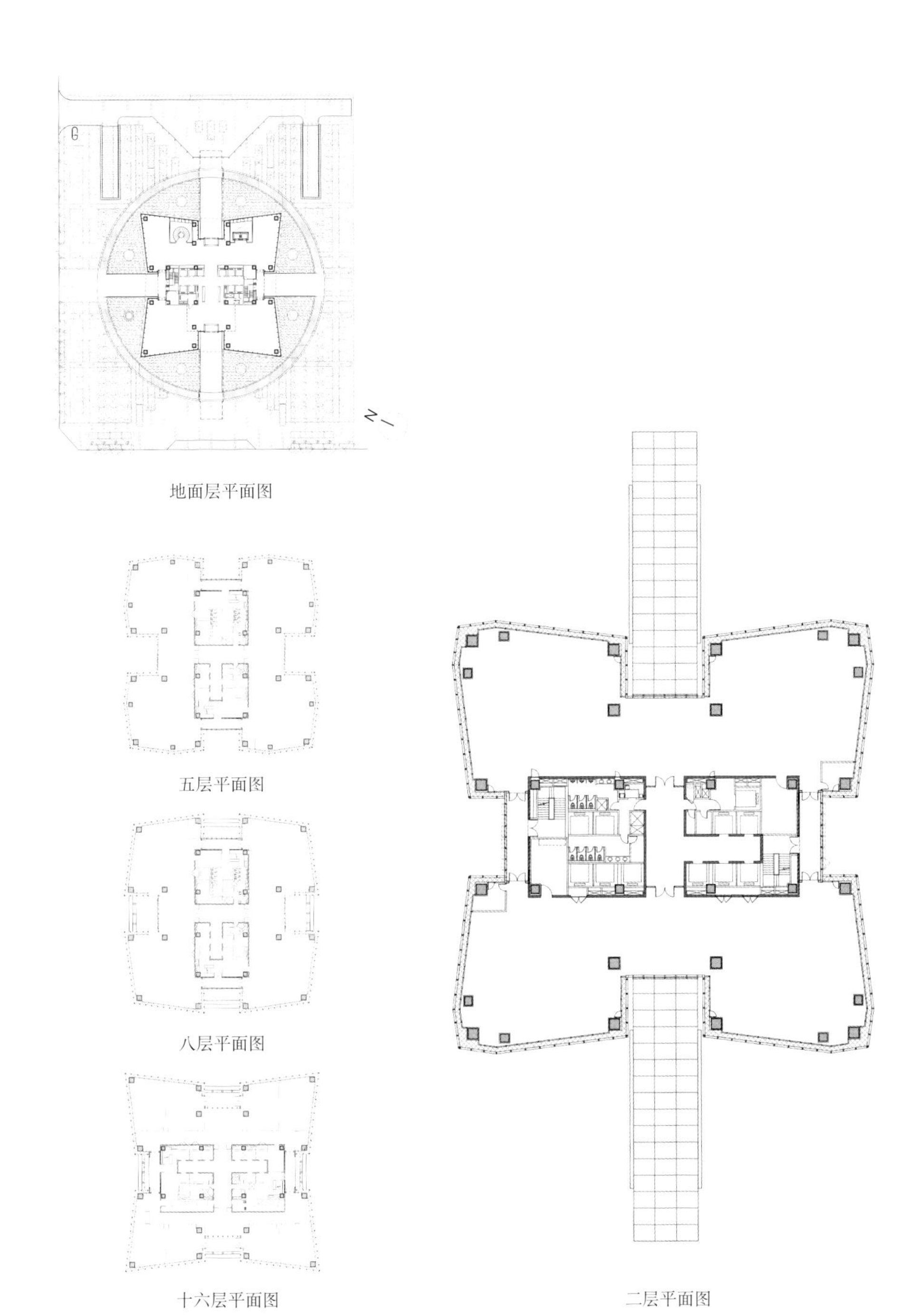

地面层平面图

五层平面图

八层平面图

十六层平面图

二层平面图

概念模型

模型(东北侧角度)

03 第三章
静谧的心

水中月，空中花

我为台湾的一个佛教团体设计过佛牙纪念馆，对佛教徒来说，佛牙——佛舍利是非常神圣的。我就想到把佛牙放在拱桥顶端，参观的人乘坐配重平衡的电梯，一边上去参观，另一边就下来。但最重要的就是，前面有一个大水池。在风平浪静的时候，半圆的拱桥在水面上通过反射形成一个全圆，这个圆就代表了佛教所说的圆满，也就是真实佛国。此外，人们还可以在水边打坐。

我把这个案子提交给那个佛教团体后，有一半的比丘和比丘尼都觉得很好——你看，只要风一来，就看不到静谧的情形，一如我们的心境，只要一乱，就什么都看不到了。

但另外一半人说，信众看不懂。意思就是说太抽象了，人家看不明白。

他们经过很多次讨论投票，最后还是决定不做。

于是，我就只能把模型和设计图放在公司里。

当时我们也在为圣严法师做法鼓学院的项目，做了很多年，这项工程的进度非常缓慢。有一天，圣严法师到我们事务所来开会，开完会以后我带他在所里走走看看，请他多多指导。走到佛牙纪念馆的模型前面，他就问这是什么，看起来有些怪。我就把前面那个故事告诉了他。

他就一直看啊看。

我已经往前走了，他还站在那里。

他向我走过来的时候，我听到他喃喃自语：“怎么会看不懂？”

我也没在意，就继续往前走。当时法鼓山还有一座重要的寺庙，就是农禅寺。圣严法师想重建这座寺庙，也考虑过邀请各地的建筑师前来竞标。但看过我们的佛牙纪念馆模型之后，他隔了三天便打电话给我，说：“你来做。”

我想他可能是在模型里看到了想要的东西。

圣严法师给了我六个字——“水中月，空中花”，这情境是他在入定时看到过的，但定中所见也无法详述，我就根据这六个字画了设计图，他看了之后便说：“嗯，有点像！”于是我们就继续设计，建成了水月道场。

其实这座建筑物没什么，它几乎是我做过的最没有型的一座建筑，不过就是一个大殿，前面有个水池，后面有长条的禅房或寮房而已，然后在里面挂了一点布。当风平浪静时，水中这个建筑物的倒影是静止的。可是当微风吹起，水中的倒影会动，布也在动，这种状态就有一点碰触到“水中月，空中花”，如同佛教所说，一切现象不是真实存在的状态。

建筑的禅意

水月道场

WATER-MOON MONASTERY

自然是什么？我觉得一个说法是“心静自然”。说起自然，我们可以说是把森林、草原，或者就是把绿意搬进建筑物来，但事实上，自然不是这么简单的道理。中国人说自然而然，一个空间能够让我们感到自在，才是自然。

在水月道场中看到很多缘起：水池、倒影、清水混凝土、布幔——风吹布幔终于被我实现了。你看这个水池，在风平浪静的时候和在有微风、台风或者暴雨的时候，景致是完全不同的。据说那些修持很好的人士，他们的心就像水一样清澈，因此可以看到所有

建筑实景

我们无法看到的东西，也就是看到这个现象界的真相。所以我对“水”这个元素很在意。

我觉得中国文字在佛经上是一种非常有震撼力的艺术呈现，不一定只有佛教徒才会感动。不知何故，我对这个认知多年且无法忘怀。在水月道场的设计里，

我大胆做了一个尝试，我们把字镂空在外墙上，这些混凝土灌出来的字是空的，光线透过经文照射进来，代表佛之语以光的形式出现。佛之语，在历史上，书写、读诵、刺绣、雕刻……以各种方式呈现，可是没人用光来表现过。

某些刹那，那种宁静的状态出现的话，很多事情一下子也就清楚了。

建筑实景

建筑实景

建筑实景

寶持用布施若復有人知一切法
無我得成於忍此菩薩勝前菩薩
所得功德何以故須菩提以諸菩
薩不受福德故須菩提白佛言世
尊云何菩薩不受福德須菩提
薩所作福德不應貪著

白佛言世尊如我解佛所

不應以三十二相觀如來爾

世尊而說偈言

若以色見我　以音聲求我

是人行邪道　不能見如來

須菩提汝若作是念如來不以具

足相故得阿耨多羅三藐三菩提

須菩提莫作是念如來不以具足

相故得阿耨多羅三藐三菩提須

菩提汝若作是念發阿耨多羅三

藐三菩提心者說諸法斷滅莫作

是念何以故發阿耨多羅三藐三

案址	台湾台北
建筑物结构	钢骨结构、钢筋混凝土
材料	清水混凝土、缅甸柚木、莱姆石、玻璃
用途	宗教
楼层	地上二层，地下一层

设计时间 2006

完工时间 2012

设计说明

当法鼓佛教学院创办人圣严法师被问及对未来农禅寺的想法时，他表示曾在入定时“看到”寺庙的样貌，有如“空中花，水中月”。于是他说：“我们就取名为水月道场吧。”

坐落于关渡平原的农禅寺水月道场于焉诞生。面向基隆河，背倚大屯山，利用这优美灵秀的环境，营造一处清雅幽静的宗教空间。

访客一开始先穿越两面高度不同的墙，墙是作为与外头高速道路之间的缓冲地带；一进入道场，即能看到远方的主讲堂，静静伫立于 80 米长的荷花池中。超大柱廊在池中的倒影，伴随着飞扬其间的金色帘幔，自成一虚幻雅致风光。主材料利用建筑混凝土，设计上尽量屏除华丽色彩与装饰，企图传达简朴的禅佛况味。大厅下半部的透明无柱设计，为上半部的木头盒子带来空悬于上的缥缈幻象之感。

大厅西面厚实的木墙上刻着《心经》，当阳光透过镂刻的经文洒进，空间瞬间充满修养灵性的氛围。长廊外的《金刚经》则是在玻璃纤维混凝土预制板上镂空的字，如此设计既能遮阳，又增添宗教意义。阳光洒落时，穿透经文，将其铭刻到内部墙面，仿佛为众人揭示无声之法。

水刀切割玻璃纤维混凝土

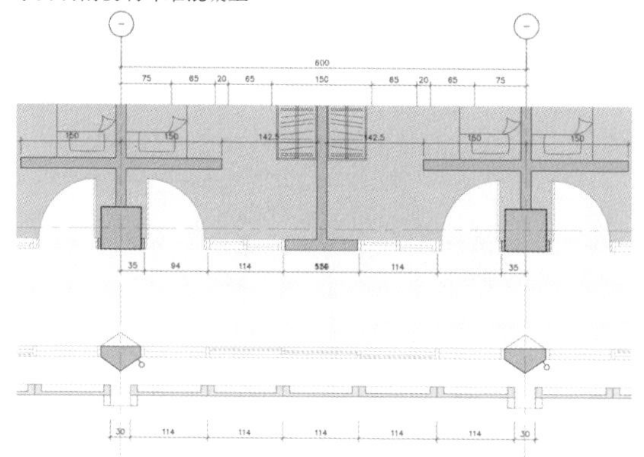

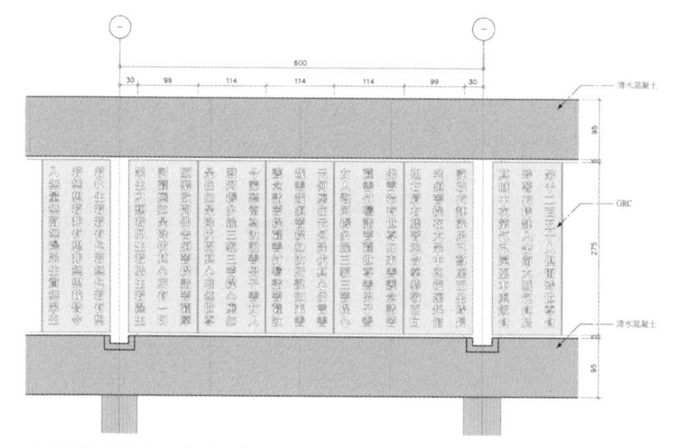

玻璃纤维混凝土预制板“金刚经”墙细部

平面图

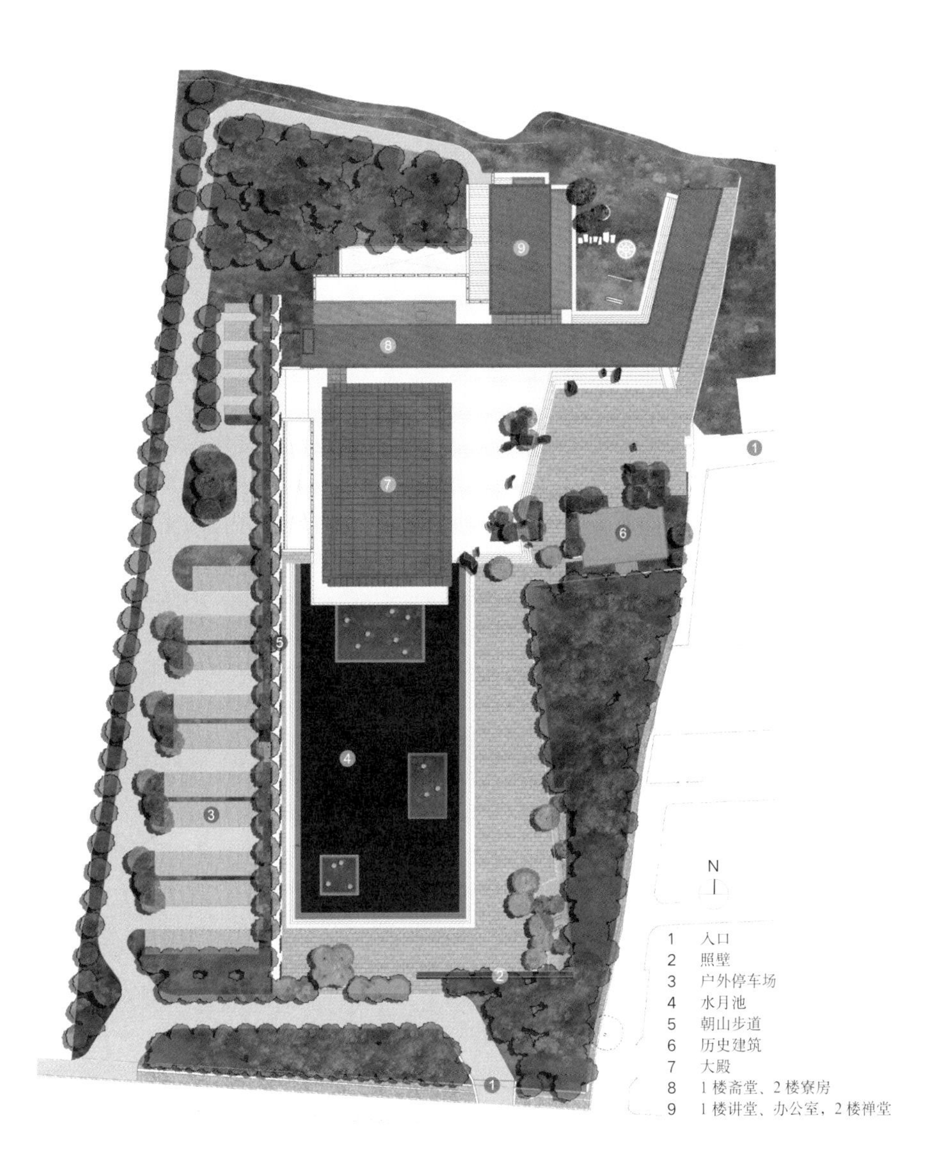
N
1 入口
2 照壁
3 户外停车场
4 水月池
5 朝山步道
6 历史建筑
7 大殿
8 1楼斋堂、2楼寮房
9 1楼讲堂、办公室，2楼禅堂

建筑模型

纵向剖面图

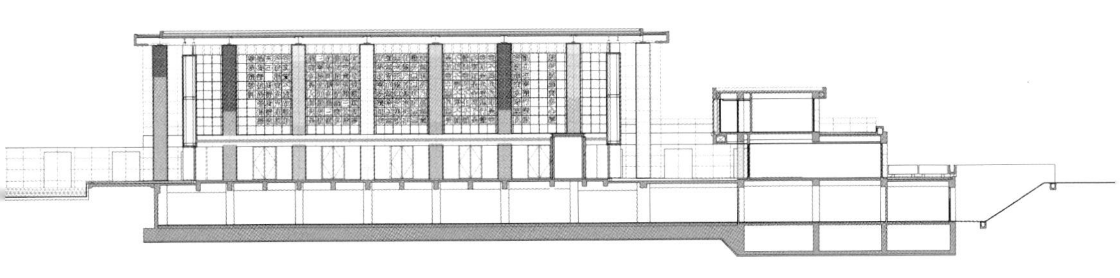

建筑的纯粹性

法鼓文理学院
DHARMA DRUM INSTITUTE OF LIBERAL ARTS

有人比喻说："建筑师的创作生涯，需要时间的酝酿与沉淀，就像红酒一般。"我觉得这句话不无道理。建筑是关注"长远"的一个行业，虽然在当今这个快速回报、信息过多的消费时代，很多建筑也落入追求感官实时刺激的风潮，但是我始终认为建筑在本质上一定要重视长远、隽永。当然，人的一生是一直在变的：思想会变化、对生命的体验会变化……这些一定会在某个时刻，于创作的结果中显现出来。

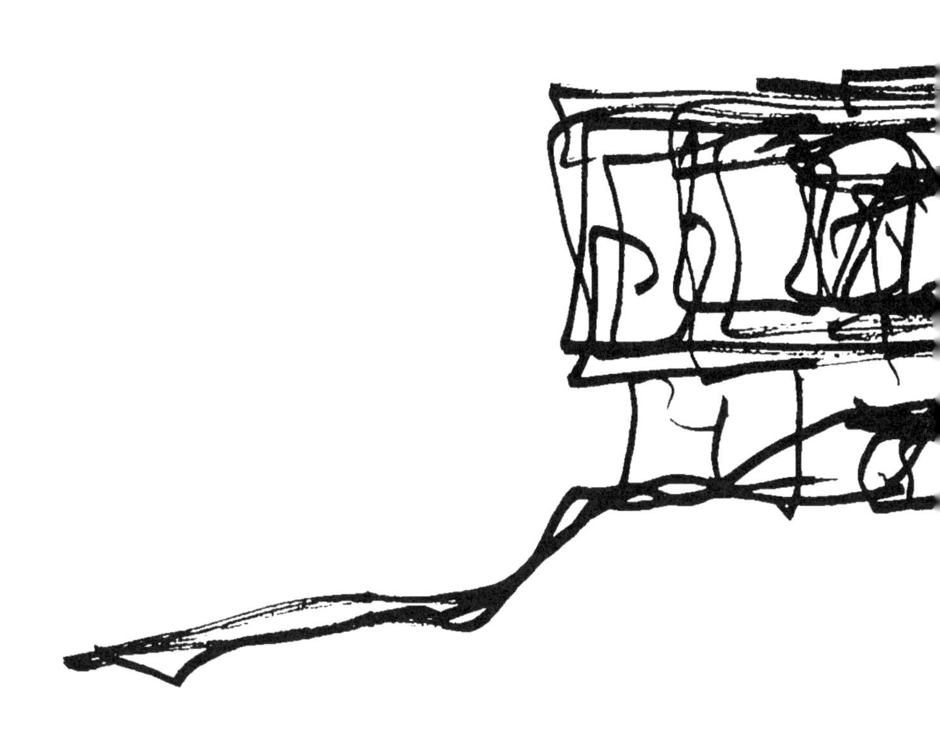

法鼓文理学院，这个案子我们事务所可以说是做了 16 年。圣严法师对这个建筑任务给了三个要求：第一，不要移山填壑，要照着原地形去处理；第二，建筑物不要“化妆”，要用本来面目呈现，经济发展好的时候，建筑物就会化很多妆，跟人一样，让你认不出来那个本来你认识的；第三，这个建筑要看起来像旧的，看起来好像在这个地方已经存在很久，要有岁月的古感——这是让我非常感动的一句话，从来没有一个业主讲过这样子的话。一般业主会要求房子盖得非常隽永，历久弥新，要 50 年以后看起来仍像新的。我每次都说好，但其实我在说谎，基本上万事万物都无常，哪有什么 50 年以后还像新的？不可能。

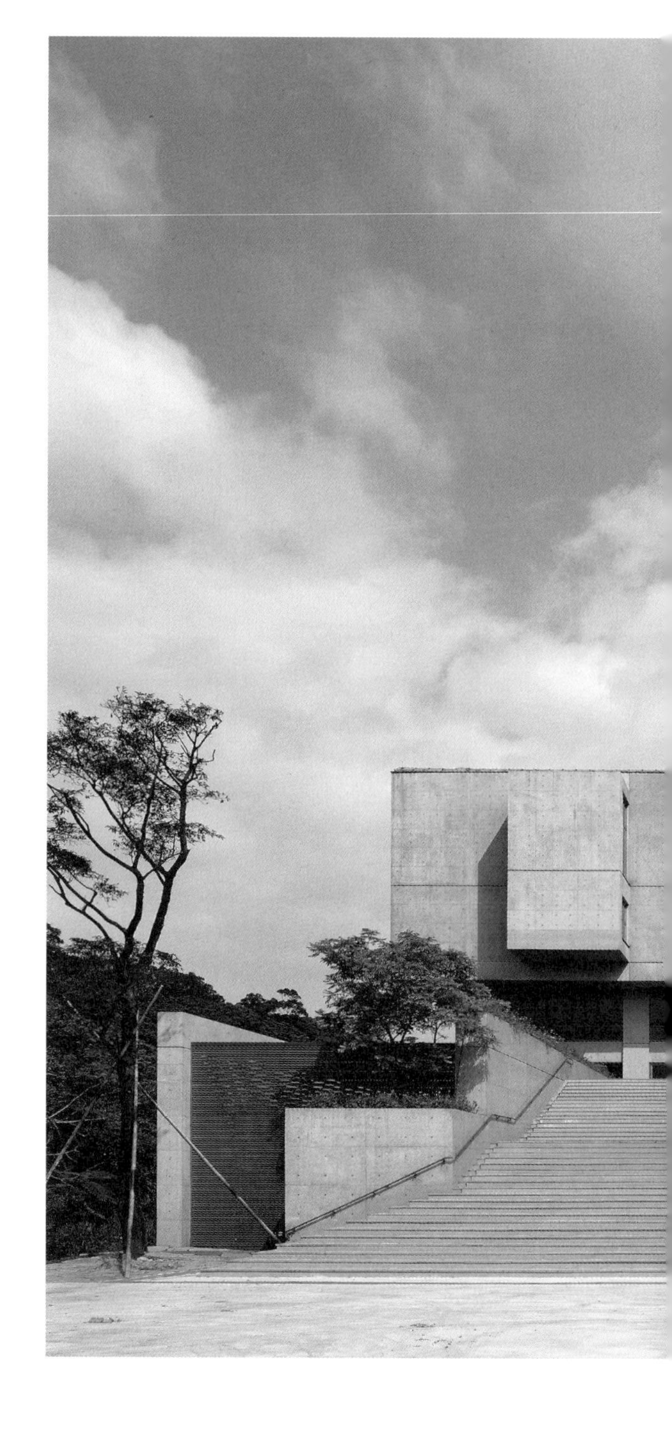

体育馆建筑实景

行政及教学大楼建筑实景

不要太在乎自己所设想的，设想的结果会自然而然出现。我发现自己一生中所有重要的事情都不是按计划发生的，我为什么会成为建筑师，为什么结婚生小孩，为什么会做这个做那个，其中没有一件事情是按计划发生的，反而所有原来计划的事都好像没有真的发生。做计划是安慰自己的行为，因为我们总觉得事情不计划好会很焦虑。

行政及教学大楼建筑实景

行政及教学大楼建筑实景

行政及教学大楼建筑实景

案　　址	台湾新北
建筑物结构	钢筋混凝土
材　　料	清水混凝土、钛锌板、石材、木头、金属栏杆、抿石子
用　　途	学校
楼　　层	行政及教学大楼：　地上五层，地下二层 禅悦书苑：　地上五层 体育馆：　地上五层

设计时间　2006

完工时间　2015

设计说明

学院坐落于广大的林地山坡，校方着重于与自然和谐共存以及生态永续发展，校区开发尽可能维持环境的本来面目。建筑物有如自大地生长而出的有机体，与大自然融和无碍。本案分期建造，设计上多以低矮的多层次建筑为主，减少开挖，以 1590 个台阶消化山坡地高差的挡土墙。因地制宜配置三栋主要建筑物：行政及教学大楼、禅悦书苑、体育馆。建筑物利用平台、回廊与通桥串联每个空间，出入自由，并延伸活动场域，展现连贯的空间戏剧。整体风格具有岁月的古感，让建筑物落成之初，不显新颖突兀，而经过数十年仍能保有外观特色。

行政及教学大楼以清水混凝土展现隽永风格，平屋顶植栽绿化与自然合一。依山势而建的大型阶梯成为校园生活的主要场景；为因应多雨气候，大量留设虚空间，为学生提供更多活动场所，通透的视野与格栅的搭配，与走廊、阳台等半户外空间交错，室内户外视角穿透，相互借景，制造框景效果。

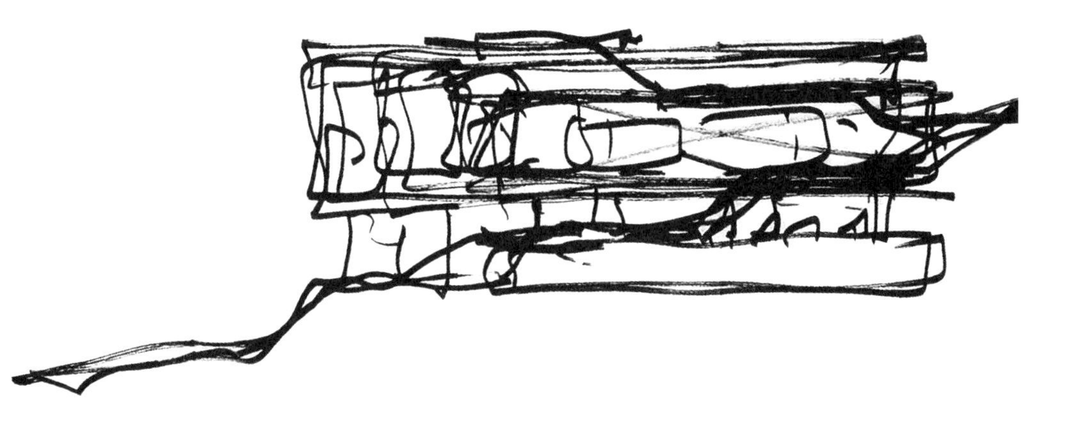

行政及教学大楼地面层平面图

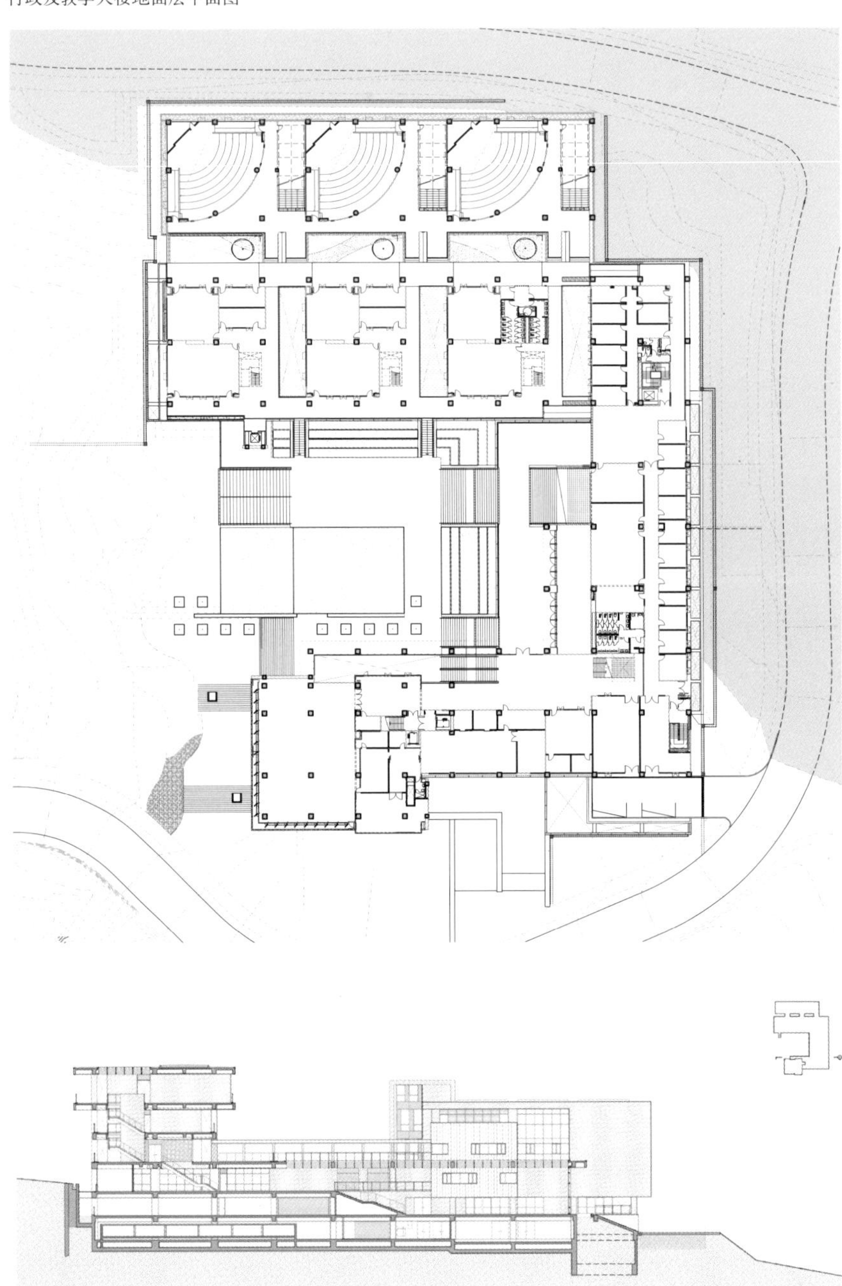

行政及教学大楼东西向剖面图

禅悦书苑是学生宿舍，依山势错落配置，使各栋高差一层楼，增加平台屋顶利用率，抿石子立面营造简单纯粹风格。中庭花园有诱鸟池，具有听溪赏水的雅趣，并区隔出男女学生住宿空间。

体育馆以清水混凝土建造，一长一方的量体并置，方量体挑高 7 米，创造出宽阔活动场地，长量体错落设置着内缩或外推盒状空间，形成有趣的框景。建筑物以天窗采光，光影交错洒落，利用地形引导坡地与溪谷气流进入室内空间，在天光与徐风中有着暂留与沉思的场所。

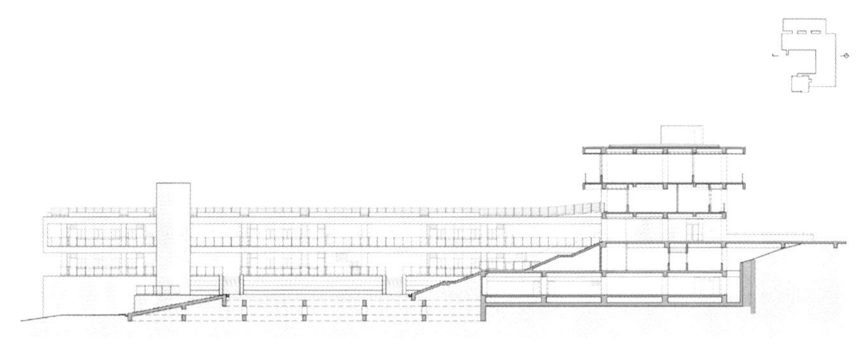

行政及教学大楼东西向剖面图

地面层平面图

B.
行政及教学大楼
A.
N

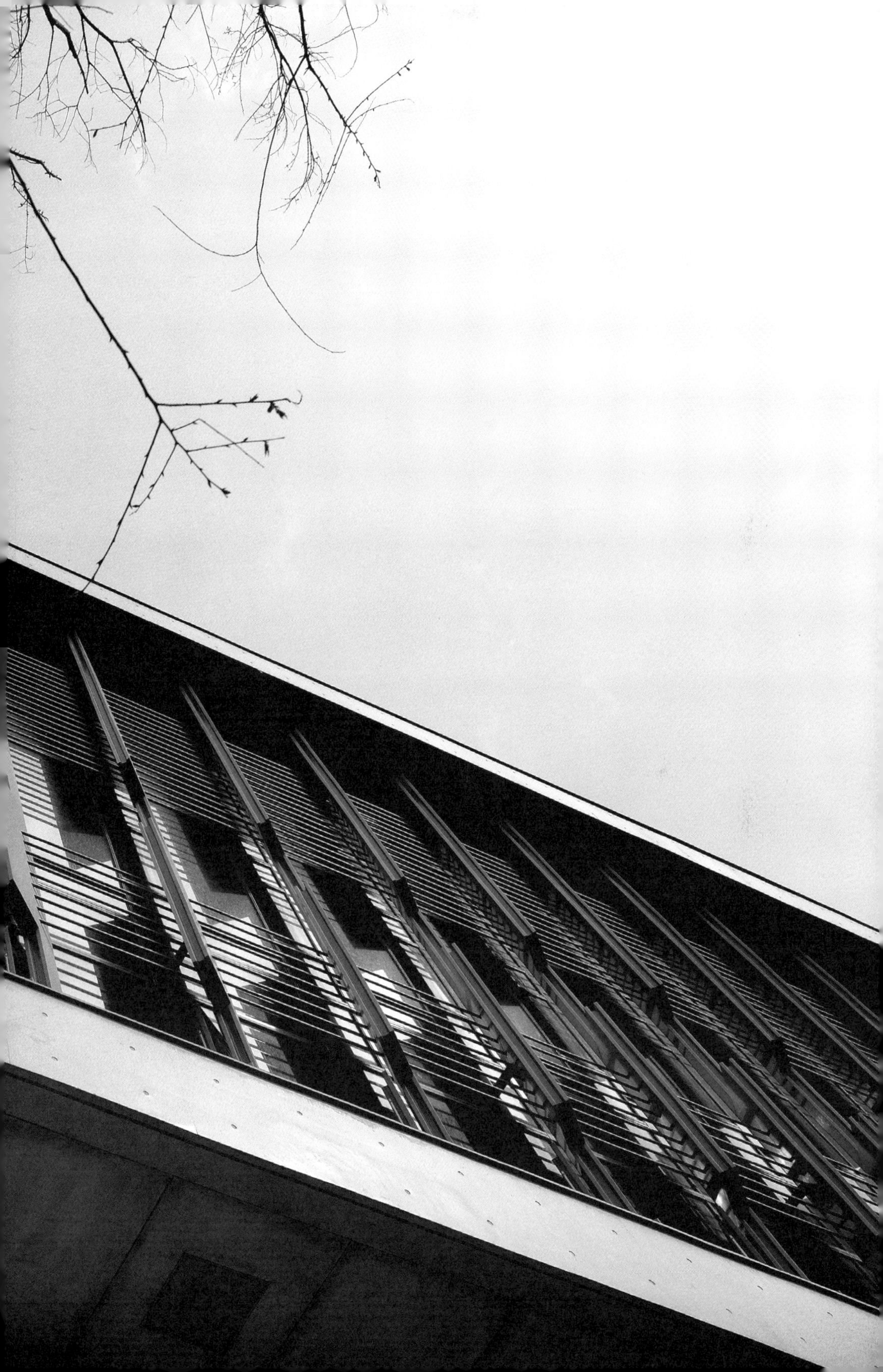

建筑的“无为”

函谷山庄
HAN-GU VILLA

如果我们在创作时，能够尽量地趋向于一种没有造作的“心”的状态，这种状态就是所谓的“无为”。没有造作，没有受到一大堆禁忌、恐惧、期待的干扰，在这种很纯净的状态下自然反映出来的东西，就是“无为而无（所）不为”，一切事情就变得很容易、不费力、自然而然。

好的设计是不费吹灰之力做出来的，自然而然的，不造作的。绞尽脑汁去想的是撑不了太久的，很容易改变。中国文人传统跟西方传统不太一样，我们比较注重内在的修为，艺术是在不断修炼的基础上自然而然表现出来的。我常以老子的话作为座右铭，他说："为学日益，为道日损，损之又损，以至于无为，无为而无不为。"

很多事情不是我设计出来的，我只是其中的一个媒介。

建筑实景

建筑实景

建筑实景

建筑实景

案　　址	北京
建筑物结构	钢骨结构
材　　料	环保塑木板、铝板、石材
用　　途	酒店
楼　　层	地上三层，地下一层
合作设计院	中外建工程设计与顾问有限公司

设计时间 2011

完工时间 2015

设计说明

函谷山庄是一座有 72 个套间的高品质休闲酒店，基地坐落于一由西向东、约 600 米长的优美狭长的山谷中。在其中，可以相当清晰地远眺长城最险峻的司马台段。山谷景色优美、植被丰富，中间有小溪潺潺流过。为了不破坏其自然生态与面貌，并达到最佳的山景视野效果，建筑师的建议获得业主的首肯：完全不进行整地，尽可能保留原始植被与一草一木，建筑配置避开大树、大石，有如“踮着脚走过”此山谷一般。

因此，建筑组群顺势分散配置于基地中，采用基础架高形式建造。客房由西向东分为八个簇群规划，建筑富于韵律地错落在山谷内南北两侧。建筑的动线规划跳脱一般水平贯穿连廊的形式，而以一座架高开放的九曲连桥沿溪串联八组垂直动线，令访客在桥上步移景异，又与客房单元及小溪相互交叠穿越，在移动之间给旅人体验长城山景最好的角度，也形成人造建筑物与自然环境交织的精彩空间对话。接待会馆机能独立，配置于基地西端，作为内外动线的服务与管控区。外观设计上，函谷山庄采用同中有变的原木色系，着重木材的纹理再现，细致的环保塑木板多色掺杂搭配，呼应阳光与自然的多变。

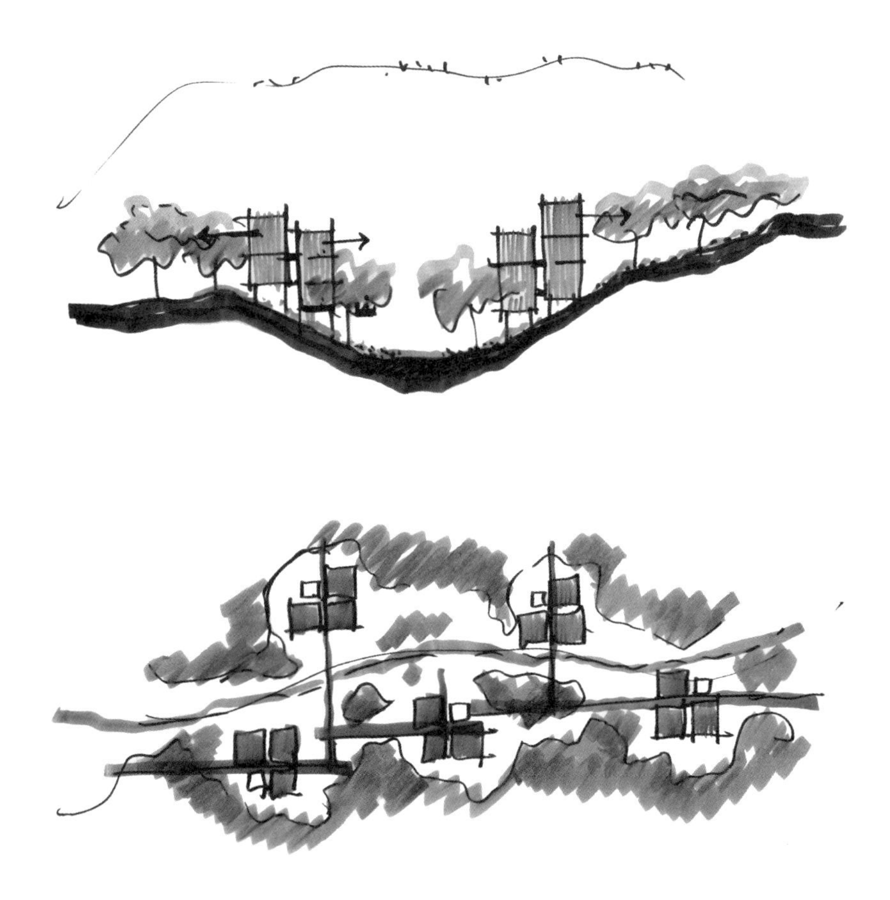

客房单元平面图

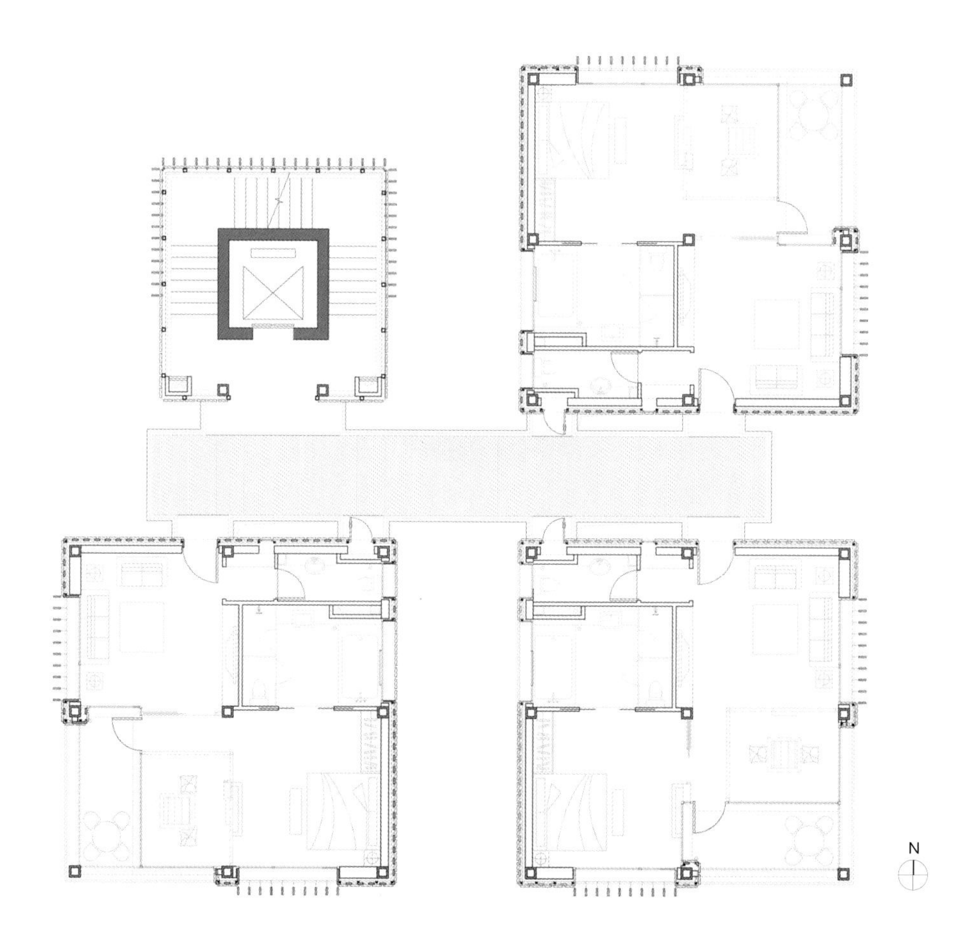

客房单元立面图

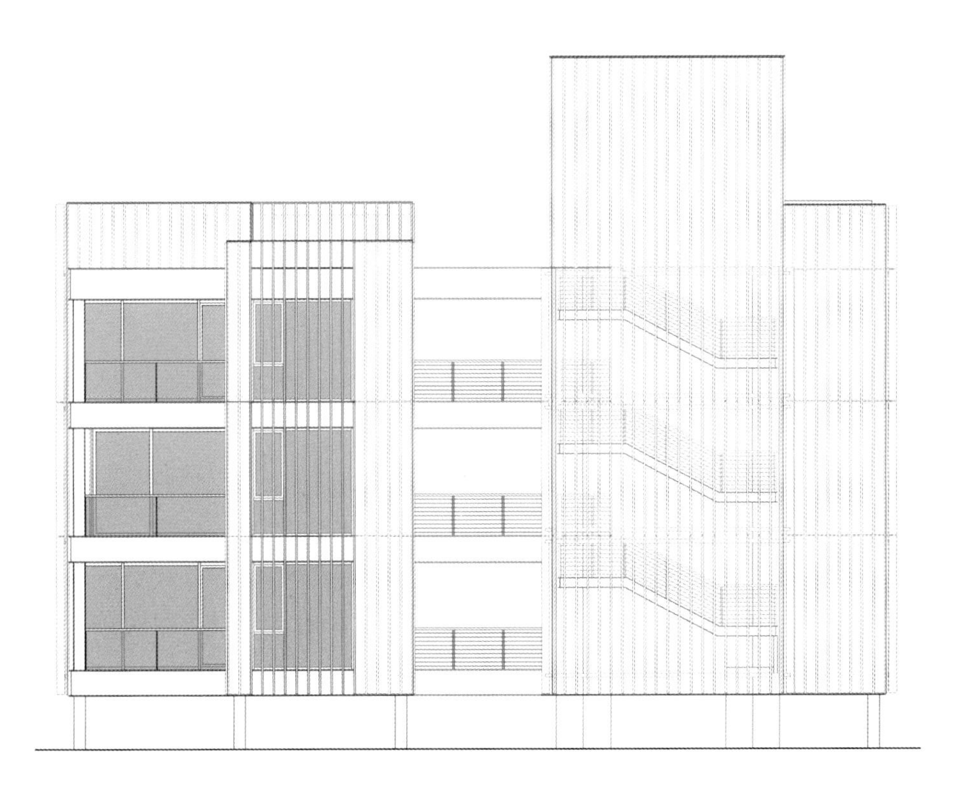

模型

基地配置图

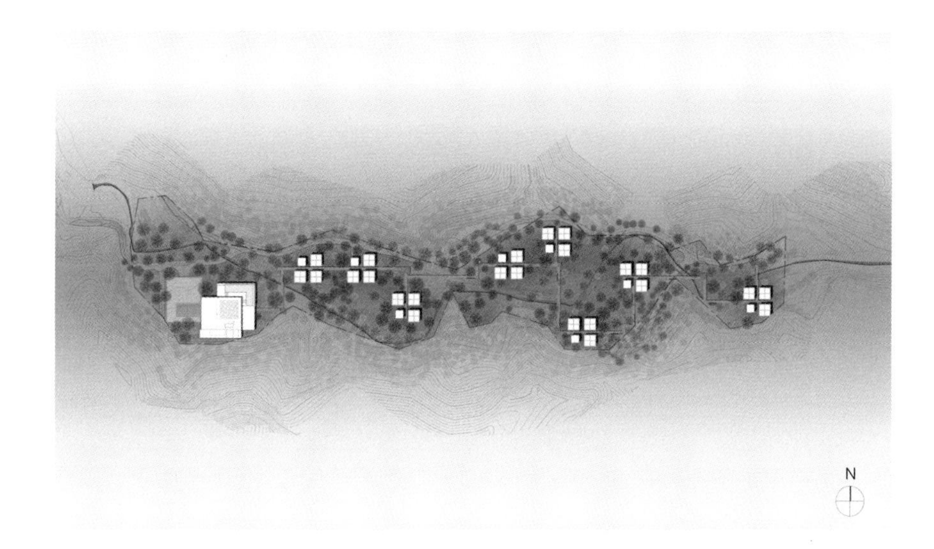

建筑实景

建筑
是要做永久的东西

台湾大学宇宙学馆
NTU COSMOLOGY CENTRE

我们现在很不幸地处在一个消费主义的时代，也就是“Consumerism”。很多事情都变成一定要追流行、追名牌才行，即使那些名牌包明明很丑，但就是因为它们很贵，广告也做得很多，所以大家也都要去买。我想包还是小事，不就是包嘛，而建筑却要花很多时间、心力、金钱和劳力才能建成。可能我的这种想法很落伍，但我觉得在建筑上追求流行不是好事。

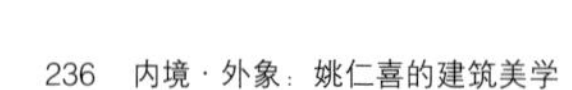

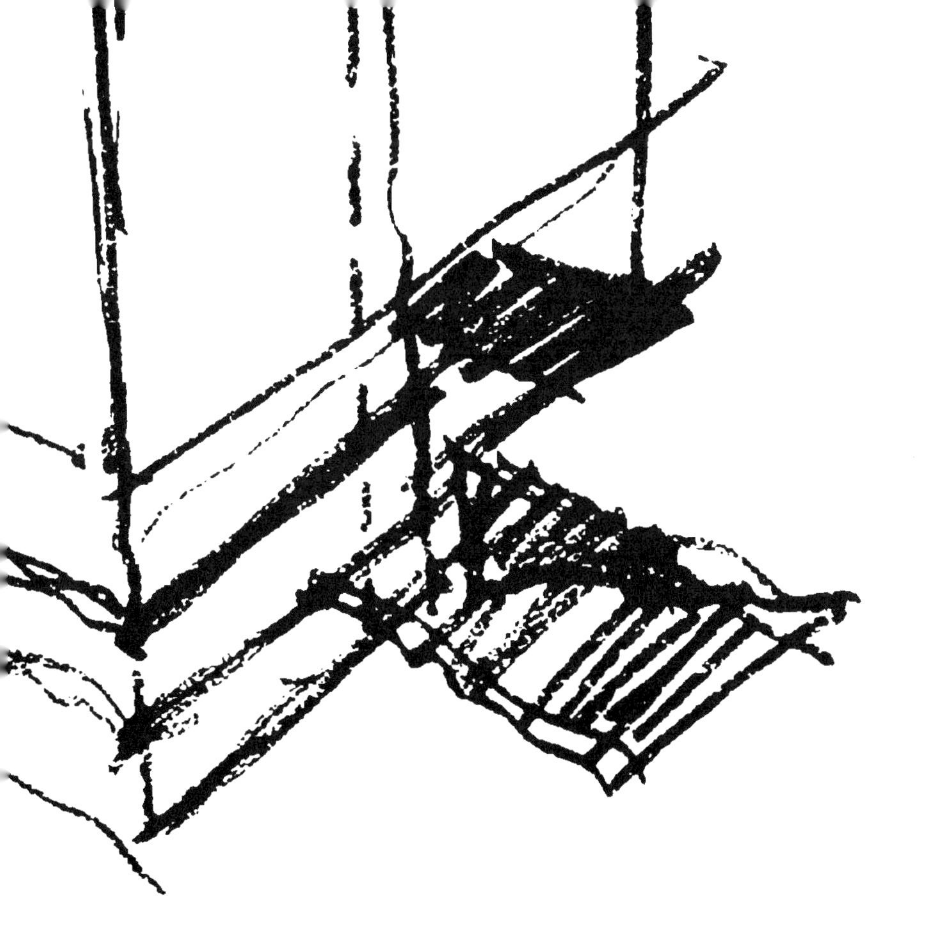

追求流行的建筑寿命很短，好的建筑不管多少年，却还是那么“新”。建筑是一件长久的事情，我们造一座房子是要用很久的。在德国，有些 600 多年前造的房子，目前大家还在使用、居住。很多人去德国学建筑，就是因为可以把花费一辈子的心力传下去。到

建筑效果图

中庭日景和夜景图

某一天你这个人也许早就不在了，但建筑还是会存续下去。我想，这就是建筑工作的迷人之处。

如果可以的话，我们应该一起来抗拒这股追求流行的风潮。建筑，是要做久远的东西。

案　　址	台湾台北
建筑物结构	钢骨钢筋混凝土构造
材　　料	混凝土完成面、铝板、玻璃
用　　途	学校
楼　　层	地上八层，地下一层

设计时间	2012
预计完工时间	2018

设计说明

台湾大学宇宙学馆配合周边环境的和谐，建筑物出入口以十字轴向外延伸，于东侧设置广场，接续现有的榕树广场；借由反重力托起的概念，设计以内缩之剪力墙将正方量体撑起，创造出视觉上悬浮的立方体；并以“隐含的球体”作为立面设计概念，由垂直向度不同宽窄序列渐进的遮阳板创造出逐渐现形的天圆，当人们移动观看时，即可感受到立面动态、渐变的视觉经验。

外在隐含的方圆之中，挑高 38 米的观月中庭天井，一如罗马万神殿的高度，连通室内外自然的流动，让内部使用者能直接感受到外部自然环境的晴雨、昼夜。中庭内立面以寰宇星体的罗列为概念，透过金属冲孔板的设计呈现；同时适度提供通廊的视觉穿透性、降低空间压迫感及减少中庭回音的现象，也增加各楼层间使用者的互动机会。

二层至八层作为研究室使用，于七层设置户外观景露台，提供学术研究人员一处身心休憩平台。宇宙学馆简洁的设计巧思亦包含了许多绿色建筑理念。

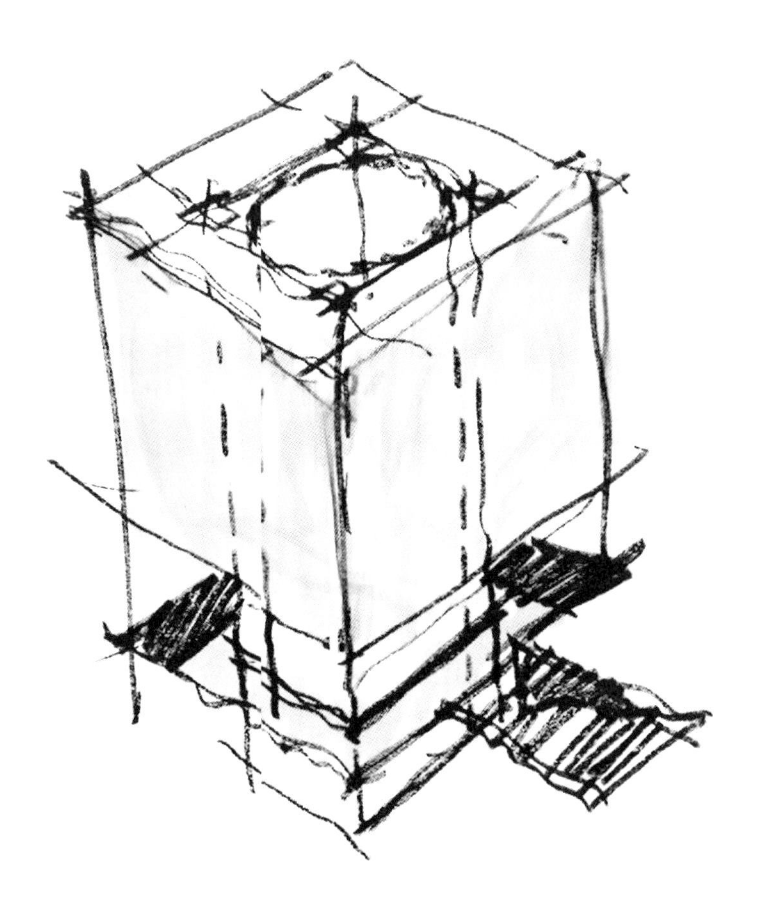

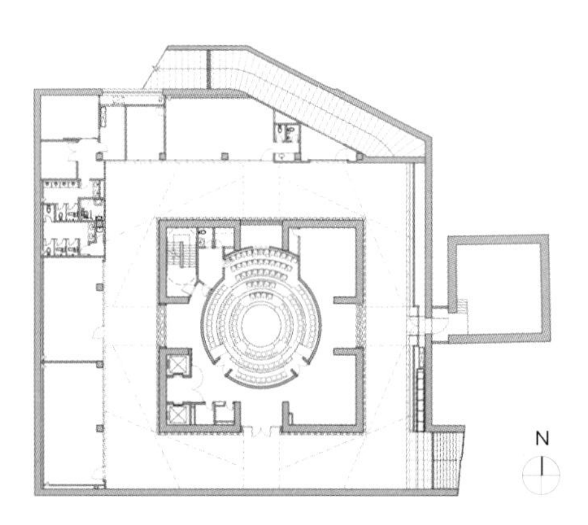

地下层平面图

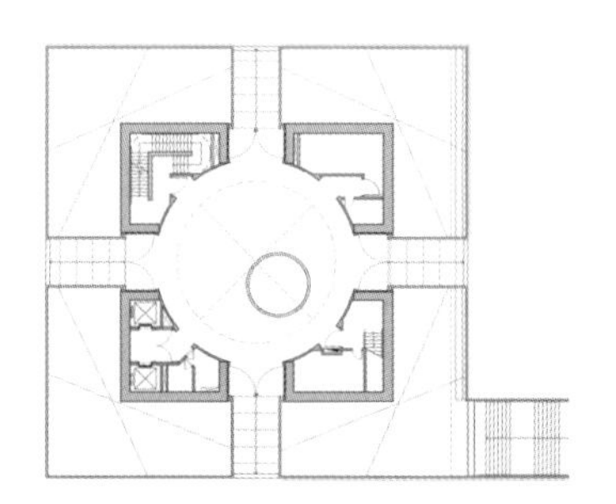

地面层平面图

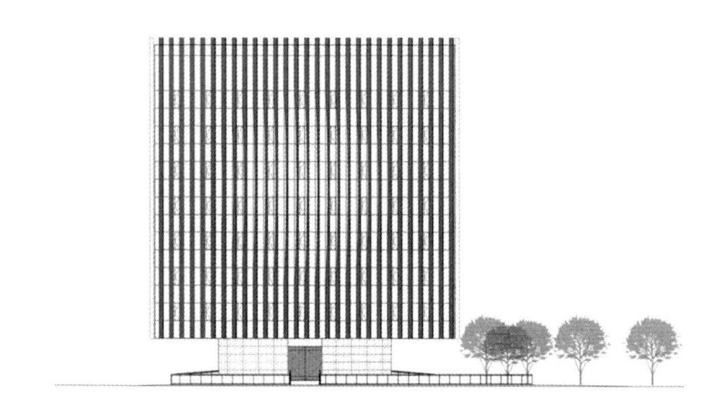

南向立面图

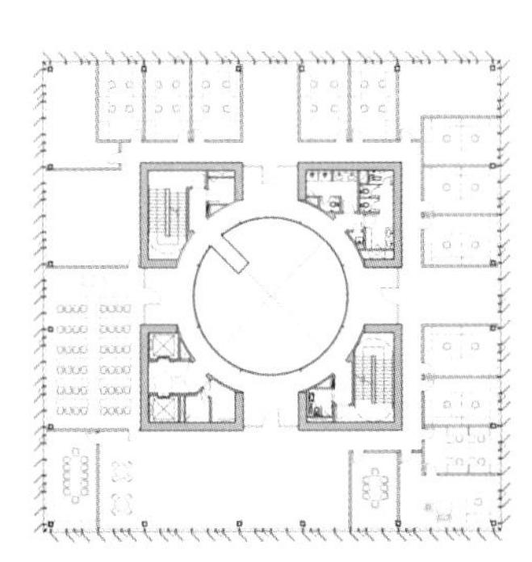
标准层平面图

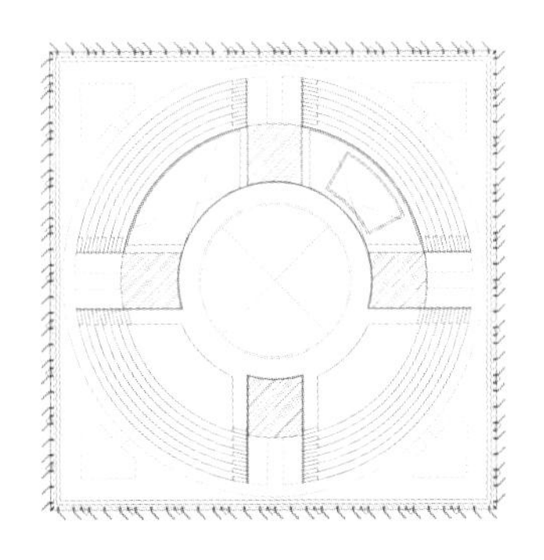
屋顶层平面图

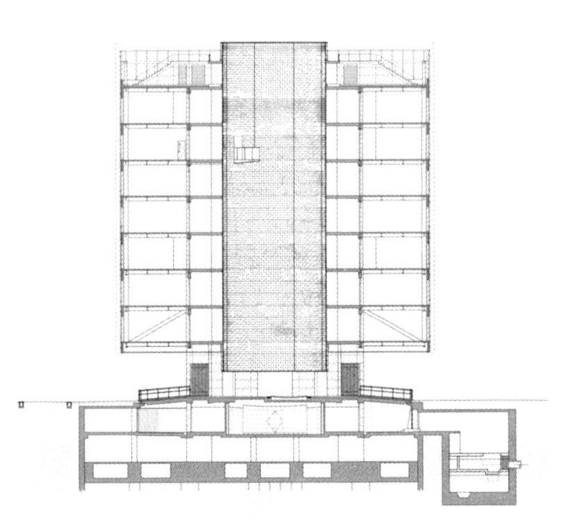
南北向剖面图

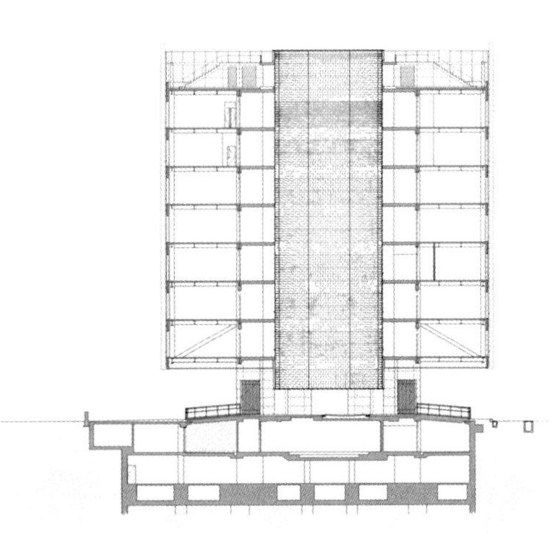
东西向剖面图

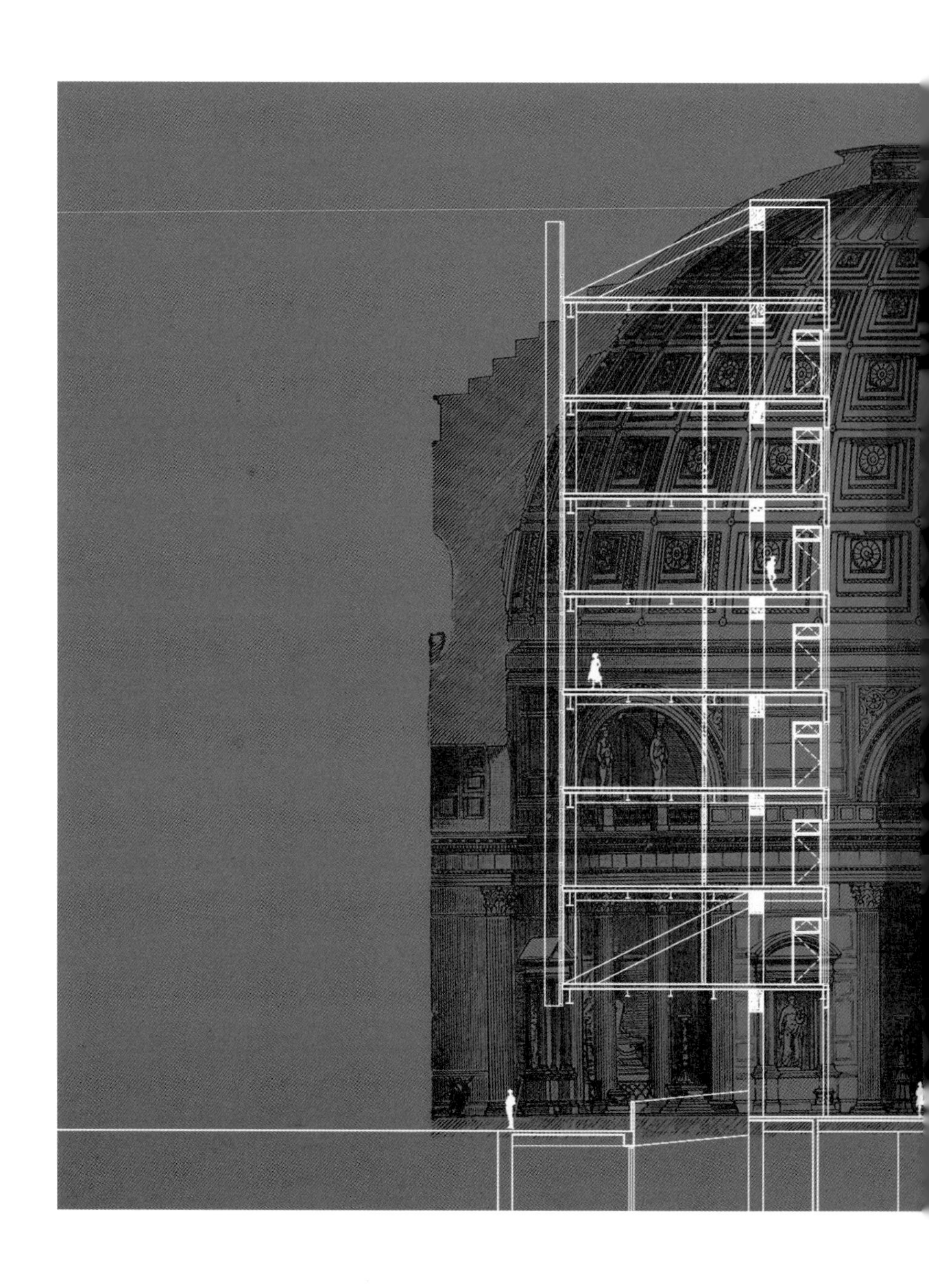

设计概念

建筑模型

建筑模型

图书在版编目（CIP）数据

内境·外象：姚仁喜的建筑美学 / 姚仁喜著 . -长沙：湖南美术出版社，2017.12
ISBN 978-7-5356-8010-5

Ⅰ . ①内… Ⅱ . ①姚… Ⅲ . ①建筑设计-案例-中国-现代 Ⅳ . ① TU206

中国版本图书馆 CIP 数据核字 (2017) 第 080575 号

内境·外象： 姚仁喜的建筑美学
NEIJING WAIXIANG ： YAO RENXI DE JIANZHU MEIXUE
姚仁喜 著

出版人 黄 啸
出品人 陈 垦
出品方 中南出版传媒集团股份有限公司
湖南美术出版社
（长沙市雨花区东二环一段 622 号 410016）
上海浦睿文化传播有限公司
（上海市巨鹿路 417 号 705 室 200020）
责任编辑 潘旖妍 刘海珍
责任校对 伍 兰
装帧设计 朱赢椿 小 羊
出版发行 湖南美术出版社
（长沙市雨花区东二环一段 622 号）
印 刷 恒美印务（广州）有限公司
（广州南沙经济技术开发区环市大道南路 334 号）
开 本 710mm × 1000mm 1/16
印 张 16
版 次 2017 年 12 月第 1 版
印 次 2017 年 12 月第 1 次印刷
书 号 ISBN 978-7-5356-8010-5
定 价 88.00 元

邮购联系： 0731-84787105 邮编： 410016 网址： http： //www.arts-press.com
电子邮箱： market@arts-press.com
如有倒装、破损、少页等印装质量问题，请与印刷厂联系替换。联系电话： 020-84981812

出 品 人：陈　昱
监　　制：余　西　蔡　蕾
策　　划：熊　英　张雪松
出版统筹：戴　涛
编　　辑：杨　萍　林晶晶
装帧设计：朱赢椿　小　羊
美术编辑：王　媚
摄　　影：邓博仁　刘呈祥　刘振祥
应斐君　陈弘暐　郑锦铭
高文仲　蔡岳伦　潘瑞琮
黛娜・黎生博（Dana Lixenberg）
远见・天下文化事业群

投稿邮箱：insightbook@126.com
新浪微博：@浦睿文化